Dr. Rakhi Dua

Conceção do reconhecimento ótico de caracteres utilizando redes neuronais

Dr. Rakhi Dua

Conceção do reconhecimento ótico de caracteres utilizando redes neuronais

ScienciaScripts

Imprint

Any brand names and product names mentioned in this book are subject to trademark, brand or patent protection and are trademarks or registered trademarks of their respective holders. The use of brand names, product names, common names, trade names, product descriptions etc. even without a particular marking in this work is in no way to be construed to mean that such names may be regarded as unrestricted in respect of trademark and brand protection legislation and could thus be used by anyone.

Cover image: www.ingimage.com

This book is a translation from the original published under ISBN 978-620-7-47397-7.

Publisher:
Sciencia Scripts
is a trademark of
Dodo Books Indian Ocean Ltd. and OmniScriptum S.R.L publishing group

120 High Road, East Finchley, London, N2 9ED, United Kingdom
Str. Armeneasca 28/1, office 1, Chisinau MD-2012, Republic of Moldova, Europe
Printed at: see last page
ISBN: 978-620-7-99332-1

Conteúdo

RESUMO

Um dos problemas mais típicos em que se aplica uma rede neuronal é o do reconhecimento ótico de caracteres. O reconhecimento de caracteres é um problema que, à primeira vista, parece extremamente simples - mas, na prática, é extremamente difícil programar um computador para o fazer. No entanto, o reconhecimento automático de caracteres é de importância vital em muitos sectores, como a banca e os transportes. Os correios dos EUA utilizam um sistema de digitalização automática para reconhecer os dígitos dos códigos postais. É possível que já tenha utilizado software de digitalização capaz de obter uma imagem de uma página impressa e gerar um documento ASCII a partir da mesma. Estes dispositivos funcionam através da simulação de um tipo de rede neuronal conhecida como rede de retropropagação.

CAPÍTULO 1

1.1 História

Quer se trate de imagens de páginas simples ou de textos com marcações elaboradas, começaremos a transformação do analógico para o digital digitalizando ou fotografando digitalmente o texto original. Para muitos projectos digitais, a digitalização acaba por ser uma das tarefas mais fáceis que realizamos. Operar um scanner plano não é muito mais difícil do que utilizar uma fotocopiadora. Pousamos o documento, premimos um botão (no nosso computador ou no scanner) e já está. (Pelo menos com essa página; as instruções a partir daí tornam-se mais parecidas com a lavagem do champô: Ensaboar, enxaguar e repetir). Além disso, para um projeto de tamanho modesto baseado em texto, podemos sobreviver com um scanner de gama baixa do tipo que se vende atualmente por menos de 100 dólares. (As câmaras digitais de consumo que capturam pelo menos três megapixéis de dados podem funcionar igualmente bem, embora tendam a ser mais lentas a configurar e mais difíceis de enquadrar com precisão sobre uma página ou livro.

As medidas de qualidade de digitalização, tais como a resolução (a densidade de informação que o scanner recolhe, geralmente expressa em pontos por polegada, dpi) e a profundidade de bits (a quantidade de informação recolhida a partir de um ponto, que geralmente varia entre 1 bit por ponto para imagens a preto e branco e 24 bits por ponto para cores de alta qualidade) são mais importantes para digitalizações de imagens do que de textos - pelo que as explicamos com maior profundidade na secção seguinte. No entanto, existem algumas regras gerais para a digitalização de textos. Se planearmos retirar o texto da página utilizando software de reconhecimento ótico de caracteres (OCR) (mais sobre isso em breve) em vez de apresentarmos as digitalizações como imagens de página, precisamos apenas de digitalizações a preto e branco de 1 bit, embora devamos provavelmente digitalizar com uma resolução bastante elevada de 300 a 600 dpi. Se planearmos apresentar imagens de página, a maioria dos especialistas recomenda ficheiros de alta resolução e qualidade (talvez 300 dpi e 24 bits de cor) para fins de arquivo. Mas podemos obter esta qualidade mesmo com um scanner de nível básico.

No entanto, é possível que queiramos gastar mais por um scanner mais rápido ou por um modelo que inclua um alimentador automático de folhas. Os alimentadores automáticos de folhas aceleram e simplificam muito a digitalização porque podem atingir velocidades de vinte e cinco páginas por minuto, em comparação com duas a três páginas por minuto para a troca manual de páginas ou para virar as páginas de um livro e devolver o texto à superfície do scanner. É claro que não podemos utilizá-los com materiais raros ou frágeis. Mas os projectos que não se preocupam em salvar os originais "desmembram" ou "guilhotinam" os livros para a alimentação automática, acelerando enormemente o processo e fazendo com que os amantes de livros como Nicholson Baker se encolham. Em geral, como diz um manual, "a escala importa muito" para os projectos de digitalização. Se o projeto for pequeno, não importa muito se digitalizarmos de uma forma demorada. Continuará a ser apenas um fator relativamente insignificante no nosso projeto global. Mas se estivermos a digitalizar milhares de páginas, temos de considerar cuidadosamente as nossas escolhas de equipamento, planear o nosso fluxo de trabalho e considerar se um serviço profissional pode ser mais económico.

Alguns projectos mais especializados requerem equipamento consideravelmente mais dispendioso e, por isso, é muitas vezes mais económico subcontratar esse trabalho (discutido mais adiante neste capítulo). Os projectos que começam com microfilmes em vez de textos, por exemplo, necessitam de scanners de microfilmes dispendiosos. Muitos livros raros não podem ser abertos a mais de 120 graus e seriam danificados se fossem colocados num scanner plano. O Early American Fiction Project da Universidade da Virgínia, por exemplo, digitalizou 583 volumes de primeiras edições raras utilizando câmaras digitais suspensas e suportes de livros especialmente concebidos para livros raros. O projeto Beowulf exigiu uma câmara digital topo de gama fabricada para imagiologia médica. Estas abordagens são comuns apenas em projectos bem financiados e especializados. O que é mais notável é a forma como equipamento muito barato pode produzir resultados de grande qualidade para a maioria dos projectos comuns.

Até agora, porém, só falámos de "fotocópias" digitais. Como é que criamos texto legível por máquina que é utilizado separadamente ou em conjunto com estas imagens de páginas? Para quem gosta de computadores e de tecnologia, o processo conhecido como reconhecimento ótico de caracteres (OCR) - através do qual um software converte a imagem de letras e palavras criada pelo scanner em texto legível por máquina - é particularmente atrativo devido à forma como promete resolver os problemas de forma rápida, barata e, acima de tudo, automática. Infelizmente, a tecnologia raramente é tão mágica. Mesmo os melhores programas de software de OCR têm limitações. Por exemplo, não se dão bem com caracteres não latinos, letras pequenas, certos tipos de letra, esquemas de páginas ou tabelas complexas, símbolos matemáticos ou químicos ou a maioria dos textos anteriores ao século XIX. Esqueça os manuscritos escritos à mão. E mesmo sem estes problemas, os melhores programas de OCR continuarão a cometer erros.

Mas quando os textos iniciais são modernos e estão em condições razoavelmente boas, o OCR sai-se surpreendentemente bem. O JSTOR, o repositório de revistas académicas, afirma uma precisão global de 97% a 99,95% para algumas revistas. Um estudo baseado no projeto Making of America no Michigan concluiu que cerca de nove em cada dez páginas com OCR tinham uma precisão de caracteres de 99% ou superior sem qualquer correção manual. Um projeto de Harvard que mediu a precisão da pesquisa em vez da precisão dos caracteres concluiu que o OCR não corrigido resultou em pesquisas bem sucedidas em 96,6% das vezes, sendo a taxa para textos do século XX (96,9%) apenas ligeiramente superior à das obras do século XIX (95,1%). É certo que ambos os projectos utilizaram o PrimeOCR, o pacote de OCR mais caro do mercado. Jim Zwick, que pessoalmente digitalizou e fez o OCR de dezenas de milhares de páginas para o seu site Anti-Imperialism, relata um bom sucesso com o Omni Page, menos caro. PrimeOCR afirma que comete apenas 3 erros em cada 420 caracteres digitalizados, uma taxa de precisão de 99,3 por cento. Mas os pacotes de OCR convencionais (e muito baratos) como o Omni Page afirmam atingir 98-99% de precisão, embora isso dependa muito da qualidade do original; 95-99% parece ser um intervalo mais conservador para o processamento automático. Mesmo com o software mais sofisticado, é difícil obter uma precisão superior a 80 a 90 por cento em textos com tipos de letra pequenos e esquemas complexos, como os jornais. Não se esqueça também que os programas medem geralmente a exatidão dos caracteres, mas não os erros tipográficos ou de disposição; assim, podemos ter 100 por cento de exatidão dos caracteres, mas ter um título que perdeu o itálico e notas de rodapé que se fundem de forma pouco graciosa no texto.

Além disso, gastaremos muito tempo e dinheiro a encontrar e corrigir esses pequenos erros (quer sejam 3 ou 8 em 400 caracteres), apesar de os bons programas oferecerem alguns métodos automatizados para localizar e eliminar aquilo a que eufemisticamente (e de forma algo cómica) chamam "caracteres suspeitos". No fim de contas, um livro de trezentas páginas com um OCR com 99% de precisão teria cerca de 600 erros. Estimamos, grosso modo, que os custos de digitalização aumentam oito a dez vezes para passar do OCR não corrigido para 99,995% de precisão (o equivalente estatístico da perfeição). De um fornecedor externo, pode custar 20 cêntimos (metade para a imagem da página e metade para o OCR) digitalizar à máquina uma página de texto relativamente limpa; obter 99,995% pode custar-nos 1,50-2,00 dólares por página.

Uma vez que o OCR não corrigido é tão bom e torná-lo melhor custa muito mais, porque não deixá-lo na sua forma "bruta"? Na verdade, muitos projectos como o JSTOR fazem exatamente isso. Porque a JSTOR acredita que o "aparecimento de erros tipográficos e outros pode minar a perceção de qualidade que os editores trabalharam longa e arduamente para estabelecer", apresenta a imagem da página digitalizada e depois utiliza o OCR não corrigido apenas como um ficheiro de pesquisa invisível. Isto significa que se procurarmos por "Mary Beard", ser-nos-ão mostradas todas as páginas onde o seu nome aparece, mas teremos de digitalizar as imagens das páginas para encontrar o ponto específico da página. Os utilizadores com deficiência visual e com dificuldades de aprendizagem queixam-se de que a ausência de texto legível por máquina dificulta a utilização de dispositivos que lêem os artigos em voz alta. A Making of America, que não tem vergonha de mostrar as suas verrugas, permite-nos mostrar também o OCR não corrigido, o que não só ajuda as pessoas com visão limitada, como também permite copiar e colar texto, encontrar rapidamente uma palavra específica e avaliar a qualidade do OCR.

Para alguns projectos, o OCR não corrigido, mesmo com 99% de precisão, não é suficiente. Em textos literários ou históricos importantes, uma única palavra faz uma grande diferença. Não seria suficiente que uma versão online do pedido de Franklin D. Roosevelt para uma declaração de guerra começasse com "Ontem, 1 de dezembro de 1941 - uma data que viverá na infâmia - os Estados Unidos da América foram súbita e deliberadamente atacados pelas forças navais e aéreas do Império do Japão", apesar de podermos orgulhosamente descrever essa frase como tendo 99,3 por cento de exatidão de caracteres. Uma solução é verificar o texto manualmente. Nós próprios já o fizemos em muitos projectos, mas isso aumenta significativamente as despesas (e requer a verificação da pessoa que fez a verificação). Um trabalhador qualificado pode geralmente corrigir apenas seis a dez páginas por hora. Embora pareça contra-intuitivo, estudos concluíram que o tempo gasto para corrigir um pequeno número de erros de OCR pode acabar excedendo o custo de digitar o documento do zero. A Alexander Street Press, que dá grande importância à exatidão e insiste em dados cuidadosamente etiquetados, tem todos os seus documentos "redigitados" - ou seja, digitados manualmente sem a ajuda de software de OCR. Eles (e a maioria dos outros que trabalham com materiais históricos e literários) preferem particularmente o procedimento de digitação tripla utilizado por muitas empresas de conversão digital no estrangeiro. Duas pessoas dactilografam o mesmo documento; depois, uma terceira pessoa revê as discrepâncias identificadas por um computador. Os cálculos do custo relativo do OCR em comparação com a redigitação variam muito, dependendo da qualidade do documento original, do nível de exatidão pretendido e, especialmente, do salário do datilógrafo. Ainda assim, para projectos que necessitem de documentos com uma precisão próxima dos 100%, a dactilografia é provavelmente a melhor opção. Isto pode ser verdade mesmo em projectos relativamente pequenos. Acabámos por contratar um datilógrafo local para alguns dos nossos projectos quando nos apercebemos do tempo que estávamos a perder com a digitalização, o OCR e as correcções, especialmente no caso de documentos com originais de má qualidade. A correção manual do OCR provavelmente só faz sentido em projectos de escala relativamente pequena e especialmente em textos que produzem um OCR particularmente limpo. Também devemos ter em conta que, se utilizarmos um datilógrafo, não precisamos de investir em hardware ou software nem de perder tempo a aprender novos equipamentos e programas. Apesar da nossa euforia ocasional em relação a tecnologias futuristas como o OCR, por vezes, os métodos experimentados e verdadeiros, como a dactilografia, são mais eficazes e menos dispendiosos.

1.2 Conceitos gerais

O modelo de rede neural mais comum é o perceptron multicamada (MLP). Esse tipo de rede neural é conhecido como rede supervisionada porque requer um resultado desejado para aprender. O objetivo deste tipo de rede é criar um modelo que mapeie corretamente a entrada para a saída utilizando dados históricos, de modo a que o modelo possa ser utilizado para produzir a saída quando a saída pretendida é desconhecida.

Uma representação gráfica de um MLP é mostrada abaixo.

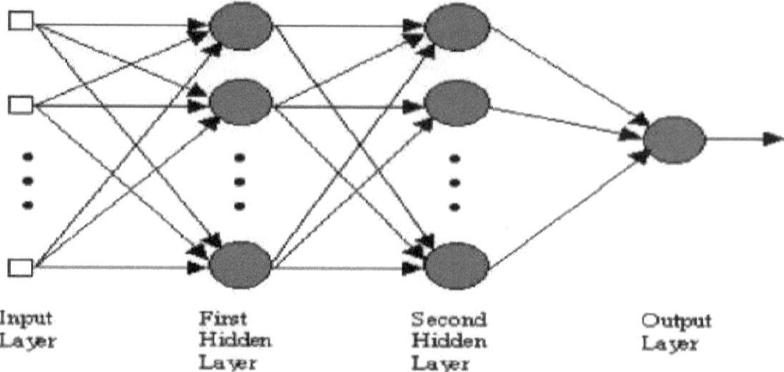

Fig 1 - Representação gráfica de uma MLP

O MLP e muitos outros neurónios aprendem utilizando um algoritmo chamado retropropagação. O algoritmo de retropropagação funciona através do que é conhecido como **treinamento supervisionado**. Em primeiro lugar, submete um input a uma passagem para a frente na rede.

A saída da rede é comparada com a saída desejada, que é especificada por um "supervisor" (o computador que executa a simulação), e o erro para todos os neurónios na camada de saída é calculado.

A ideia fundamental por trás da propagação inversa é que o erro é propagado para as camadas anteriores. Isto pressupõe que a rede pode "correr para trás", o que significa que, para quaisquer dois neurónios ligados, os "pesos para trás" devem ser os mesmos que os "pesos para a frente".

Isto não é verdade para os neurónios reais, pelo que a rede de retropropagação *não é biológica*. No entanto, a propagação reversa é popular porque é conhecida por gerar resultados úteis quando aplicada a problemas do mundo real.

1.3 Vantagens e aplicações

• Reduzir os custos de introdução de dados - o reconhecimento automático por motores OCR/ICR/OMR/código de barras garante menores custos de mão de obra para a introdução e validação de dados

• Custos de licenciamento mais baixos - uma vez que o produto permite a captura distribuída, os custos de licenciamento do motor de OCR/ICR são muito mais baixos. Por exemplo, podem ser utilizadas 5 estações de trabalho para digitalização e indexação, mas apenas uma licença de OCR/ICR pode ser necessária

• Exportação dos dados reconhecidos em XML ou em qualquer outro formato normalizado para integração com qualquer aplicação ou base de dados.

Aplicações

• Captura distribuída em que as estações de trabalho numa rede podem ser utilizadas para digitalizar e indexar documentos simultaneamente.

• Funcionalidades de digitalização avançadas que incluem a criação de várias páginas, encaminhamento de documentos para pastas com códigos de barras, etc.

• Ferramenta fácil de utilizar, que permite uma validação mais eficiente dos campos reconhecidos

• Separação dos processos de digitalização e reconhecimento que optimiza os recursos de hardware, por exemplo, a digitalização pode ser feita em 5 estações de trabalho enquanto o reconhecimento OCR/ICR é realizado numa máquina topo de gama.

• Motores líderes mundiais como o Abby e o Scan soft integrados para uma precisão muito elevada

• Módulo de desenho baseado em GUI para criar zonas que devem ser reconhecidas - particularmente

útil para o processamento de formulários

1.4 Declaração do problema

Neste livro, vamos reconhecer o carácter utilizando várias ferramentas de programação.

CAPÍTULO 2

2.1 Reconhecimento de caracteres por C

A abordagem mais popular e simples para o problema do OCR baseia-se numa rede neural feed forward com aprendizagem por retropropagação. A ideia principal é que devemos começar por preparar um conjunto de treino e depois treinar uma rede neuronal para reconhecer padrões do conjunto de treino. Na etapa de treino, ensinamos a rede a responder com a saída desejada para uma entrada específica. Para o efeito, cada amostra de treino é representada por dois componentes: a entrada possível e a saída desejada da rede para a entrada. Depois de concluída a etapa de treino, podemos dar uma entrada arbitrária à rede e a rede formará uma saída, a partir da qual podemos resolver um tipo de padrão apresentado à rede.

Vamos supor que queremos treinar uma rede para reconhecer 26 letras maiúsculas representadas como

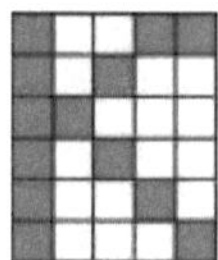

imagens de 5x6 pixéis, algo como isto:

Uma das formas mais óbvias de converter uma imagem numa parte de entrada de uma amostra de treino é criar um vetor de tamanho 30 (no nosso caso), contendo "1" em todas as posições correspondentes ao pixel da letra e "0" em todas as posições correspondentes aos pixéis do fundo. Mas, em muitas tarefas de treino de redes neuronais, é preferível representar os padrões de treino da chamada forma "bipolar", colocando no vetor de entrada "0,5" em vez de "1" e "-0,5" em vez de "0". Este tipo de codificação de padrões conduzirá a uma maior melhoria do desempenho da aprendizagem. Por fim, a nossa amostra de treino deve ser mais ou menos assim:

float[] input_letterK = new float[] { 0.5f, -0.5f, -0.5f, 0.5f, 0.5f, 0.5f, -0.5f, 0.5f, -0.5f, -0.5f, -0.5f,

0,5f, 0,5f, -0,5f, -0,5f, -0,5f,
0,5f, -0,5f, 0,5f, -0,5f, -0,5f,
0,5f, -0,5f, -0,5f, 0,5f, -0,5f,
0.5f, -0.5f, -0.5f, -0.5f, 0.5f};

Para cada entrada possível, precisamos de criar uma saída da rede desejada para completar as amostras de treino. Para a tarefa de OCR, é muito comum codificar cada padrão como um vetor de tamanho 26 (porque temos 26 letras diferentes), colocando no vetor "0,5" para as posições correspondentes ao número de tipo do padrão e "-0,5" para todas as outras posições. Assim, um vetor de saída desejado para a letra "K" terá o seguinte aspeto:

// 0,5 é colocado apenas na posição da letra "K".
float[] letra_de_saídaK = novo float[] {
-   0,5f, -0,5f, -0,5f, -0,5f, -0,5f,
-   0,5f, -0,5f, -0,5f, -0,5f, -0,5f,
0,5f, -0,5f, -0,5f, -0,5f, -0,5f,
-   0,5f, -0,5f, -0,5f, -0,5f, -0,5f,
-   0,5f, -0,5f, -0,5f, -0,5f, -0,5f,
-0.5f};

Depois de termos essas amostras de treino para todas as letras, podemos começar a treinar a nossa rede. Mas a última pergunta é sobre a estrutura da rede. Para a tarefa acima, podemos utilizar uma camada de rede neural, que terá 30 entradas correspondentes ao tamanho do vetor de entrada e 26 neurónios na camada correspondente ao tamanho do vetor de saída.

Colapso
//tamanho do padrão
int patternSize = 30;
//contagem de padrões **int padrões = 26;**
// aprender vectores de entrada
float[] [] input = new float[26][]

{
...
novo float [] {
0,5f, -0,5f, -0,5f, 0,5f, 0,5f,
0,5f, -0,5f, 0,5f, -0,5f, -0,5f,
0,5f, 0,5f, -0,5f, -0,5f, -0,5f,
0,5f, -0,5f, 0,5f, -0,5f, -0,5f,
0,5f, -0,5f, -0,5f, 0,5f, -0,5f,
0.5f, -0.5f, -0.5f, -0.5f, 0.5f}, *//Letra K*
...
};
// vectores de resultados da aprendizagem
float[][] output = new float[26][]
{
...
novo float [] {
-   0,5f, -0,5f, -0,5f, -0,5f, -0,5f,
-   0,5f, -0,5f, -0,5f, -0,5f, -0,5f,
0,5f, -0,5f, -0,5f, -0,5f, -0,5f,
-   0,5f, -0,5f, -0,5f, -0,5f, -0,5f,
-   0,5f, -0,5f, -0,5f, -0,5f, -0,5f,
-   0.5f},   *//Letra K*
...
};

// criar uma rede neural
AForge.NeuralNet.Network neuralNet =
**   new AForge.NeuralNet.Network(new BipolarSigmoidFunction(2.0f),**
**   patternSize, patterns);**
//randomizar os pesos da rede
neuralNet.Randomize();
// criar professor de rede
AForge.NeuralNeLLearning.BackPropagationLearmng professor = novo
AForge.NeuralNeLLearmng.BackPropagationLearning(neuralNet);
professor.LearningLimit = 0.1f;
professor.LearningRate = 0.5f;
// ensinar a rede
int i = 0;
fazer
{
professor.LearnEpoch(input, output);
i⁺⁺ ;

```
}
while (!teacher.IsConverged);
//
System.Diagnostics.Debug.WriteLine("aprendizagem total " + "época: " + i);
```

No exemplo acima, é apresentado um procedimento completo de treino de uma rede neuronal para uma tarefa de reconhecimento de padrões. Em cada época de aprendizagem, todas as amostras do conjunto de treinamento são apresentadas à rede e o erro quadrático resumido é calculado. Quando o erro é inferior ao limite de erro especificado, o treinamento é concluído e a rede pode ser usada para reconhecimento.

Como reconhecer algo? Precisamos de introduzir dados na rede treinada e obter o seu resultado. Depois, devemos encontrar um elemento no vetor de saída com o valor máximo. O número do elemento indica-nos o padrão reconhecido:

```
// Letra "K", mas com um pouco de ruído
float[] pattern = new float [] {
0,5f, -0,5f, -0,5f, 0,5f, 0,5f,
0,5f, -0,5f, 0,5f, -0,5f, 0,5f,
0,5f, 0,5f, -0,5f, -0,5f, -0,5f,
0,5f, -0,5f, 0,5f, -0,5f, -0,5f,
0,5f, -0,5f, -0,5f, 0,5f, -0,5f,
0,3f, -0,5f, -0,5f, 0,5f, 0,5f};

//obter a saída da rede
float[] output = neuralNet.Compute(pattern);

int i, n, maxindex = 0;

//encontrar o máximo a partir da saída
float max = output[0];
for (i = 1, n = output.Length; i < n; i++)
{
se (output[i] > max)
{
max = output1[i];
maxindex = i;
}
}
//
System.Diagnostics.Debug.WriteLine(
"a rede pensa que é - " + (char)((int) 'A' + maxindex));
```

Alternativa à abordagem 1

Vou utilizar uma classe da biblioteca BackPropagationRPROPNetwork para construir a minha própria OCRNetwork.

```
//herdar da rede neural Backpropagation
classe pública OCRNetwork: BackPropagationRPROPNetwork
{
//Substituir o método da classe de base para implementar o nosso
//todo próprio de formação
public override void Train(PatternsCollection patterns)
{
```

...
}
}

Substituo o método Train da classe de base para implementar o meu próprio método de formação. Porque é que preciso de o fazer? Faço-o por uma razão simples: o progresso do treino da rede é medido pela qualidade do resultado produzido e pela velocidade do treino. É necessário estabelecer os critérios para saber quando é que a qualidade do resultado da rede é aceitável para si e quando é que pode parar o processo de formação. A implementação que aqui apresento provou (com base na minha experiência) ser rápida e exacta. Decidi que posso parar o processo de treino quando a rede for capaz de reconhecer todos os padrões, sem um único erro. Então, aqui está a implementação do meu método de treinamento.

Colapso

```
public override void Train(PatternsCollection patterns)
{ //Número atual da iteração
se (padrões != nulo)
{
double error = 0;
int good = 0;
// Treinar até todos os padrões estarem corretos
while (good < patterns.Count)
{
bom = 0;
for (int i = 0; i<patterns.Count; i++)
{
/Definir os valores de entrada da rede
for (int k = 0; k<NodesInLayer(0); k++)

nós[k].Valor = padrões[i].Entrada[k];
/Executar a rede
este.Executar();
/Definir o resultado esperado

for (int k = 0;k< this.OutputNodesCount;k++) this.OutputNode(k).Error =
patterns[i].Output[k];
/Fazer com que a rede se lembre da saída correspondente
//valores. (Ensinar a rede)
este.Aprender();
/Verificar se a rede produziu o resultado correto durante
//esta iteração

se (BestNodeIndex == OutputPatternIndex(patterns[i])) good++;
}
//Ajustar os pesos das ligações na rede aos seus
//valor médio. (Uma técnica de treino por época)
foreach (NeuroLink link in links)
((EpochBackPropagationLink)link).Epoch(patterns.Count);
}
}
}
```

Além disso, implementei uma propriedade BestNodeIndex que devolve o índice do nó com o valor máximo e com o erro mínimo. Um método OutputPatternIndex devolve o índice do elemento de saída do padrão com o valor 1. Se estes índices coincidirem, a rede produziu um resultado correto. Eis o aspeto da implementação do BestNodeIndex:

```
público int BestNodeIndex
{
obter {
int resultado = -1;
double aMaxNodeValue = 0;

double aMinError = double.PositiveInfinity;
for (int i = 0; i< this.OutputNodesCount;i++)
{
Nó NeuroNode = Nó de saída(i);
/Procura um nó com valor máximo ou erro menor

Se ((nó.Valor > aMaxNodeValue) | |
((nó.Valor >= aMaxNodeValue)&&(nó.Erro <aMinError)))
{
aMaxNodeValue = node.Value;
aMinError = node.Error;
resultado = i;
}
}
resultado de retorno;
}
}
```

O mais simples possível é criar a instância da rede neural. A rede tem um parâmetro de construção - uma matriz de números inteiros que descreve o número de nós em cada camada da rede. A primeira camada da rede é uma camada de entrada. O número de elementos desta camada corresponde ao número de elementos do padrão de entrada e é igual ao número de elementos da matriz da imagem digitalizada (falaremos sobre isso mais tarde). A rede pode ter várias camadas intermédias com um número diferente de nós em cada camada. Neste exemplo, utilizo apenas uma camada e aplico uma "regra prática não oficial" para determinar o número de nós nesta camada:

NodesNumber = (InputsCount+OutputsCount) / 2

Nota: Pode experimentar adicionando mais camadas intermédias e utilizando um número diferente de nós - apenas para ver como isso afectará a velocidade de treino e a qualidade de reconhecimento da rede.

A última camada da rede é uma camada de saída. Esta é a camada onde procuramos os resultados. Defino o número de nós nesta camada igual ao número de caracteres que vamos reconhecer.

/Criar uma instância da rede

```
backpropNetwork = new OCRNetwork(new int[3] {aMatrixDim * aMatrixDim, (aMatrixDim *
aMatrixDim + aCharsCount)/2, aCharsCount});
```

Criar padrões de formação

Vamos agora falar sobre os padrões de treino. Esses padrões serão usados para ensinar a rede neural a reconhecer as imagens. Basicamente, cada padrão de treino consiste em duas matrizes unidimensionais de números flutuantes - matrizes Inputs e Outputs.

/// <summary>
/// Uma classe que representa um padrão de treino único e é utilizada para treinar um

/// rede neural. Contém dados de entrada e matrizes de resultados esperados.
/// </summary>
classe pública Pattern: NeuroObjecto
{
private double[] inputs, outputs; ...
}

O conjunto Inputs contém os nossos dados de entrada. No nosso caso, é uma representação digitalizada da imagem do personagem. Em "digitalizar" a imagem refiro-me ao processo de criação de um mapa de brilho (ou valor absoluto do vetor de cor - o que escolher) da imagem. Para criar este mapa, precisamos de dividir a imagem em quadrados e calcular o valor médio de cada quadrado. Depois, armazeno esses valores numa matriz.

255	255	255	255	255	255
255	255	255	255	255	255
255	191	127	127		255
255	255	240	45	201	255
255	255	60	180	255	255
255	180	54	210	250	255
255	190	100	100	180	255
255	255	255	255	255	255

Temos de implementar o método CharToDoubleArray da rede para digitalizar a imagem. Neste caso, utilizo um valor absoluto da cor para cada elemento da matriz. (Não há dúvida de que pode utilizar outras técnicas...) Depois de a imagem ser digitalizada, temos de reduzir os resultados de forma a encaixá los num intervalo de -1 ..1 para respeitar o intervalo de valores de entrada da rede. Para isso, temos de escrever um método Scale, onde procuro o valor máximo do elemento da matriz e depois divido todos os elementos da matriz por ele. Assim, a implementação de CharToDoubleArray tem o seguinte aspeto:

//aSrc - uma imagem do personagem
//aArrayDim - dimensão da matriz de padrões
//calcular a cotação da imagem X passo
double xStep = (double)aSrc.Width/(double)aArrayDim;
//calcular a cotação da imagem Passo Y
double yStep = (double)aSrc.Height/(double)aArrayDim; double[] result = new
double[aMatrixDim*aMatrixDim];
for (int i=0; i<aSrc.Width; i++)
for (int j=0;j<aSrc.Height;j++)
{
//calcular o endereço da matriz
int x = (int)(i/xStep);
int y = (int)(j/yStep);
/Obter a cor do pixel
Cor c = aSrc.GetPixel(i,j);
//Valor absoluto da cor, mas penso que é possível

//utilizar também o componente B do espaço de cor Alfa...
resultado[y*x+y]+=Math.Sqrt(c.R*c.R+c.B*c.B+c.G*c.G);
}
//Escala a matriz para ajustar os valores a um intervalo de 0..1 (requerido por
//ANN) Neste método, procuramos o valor máximo do elemento //e dividimos todos os elementos da matriz por esse valor máximo.
return Scale(result);

O vetor Outputs do padrão representa um resultado esperado - o resultado que a rede usará durante o treinamento. Há tantos elementos nesta matriz quantos os caracteres que vamos reconhecer. Assim, por exemplo, para ensinar a rede a reconhecer letras inglesas de "A" a "Z", precisaremos de 25 elementos no vetor Outputs. Se decidir incluir letras minúsculas, pode ser 50. Cada elemento corresponde a uma única letra. As entradas de cada padrão são definidas como dados de imagem digitalizada e um elemento correspondente na matriz de saídas como 1, para que a rede saiba qual saída (letra) corresponde aos dados de entrada. O método CreateTrainingPatterns faz esse trabalho para mim.

public PatternsCollection CreateTrainingPatterns(Font font) {
/Criar coleção de padrões
/Tantas entradas (exemplos) quantos os elementos da matriz de imagem digitalizada
//Tantos outputs quantos os caracteres que vamos reconhecer.

PatternsCollection result = new PatternsCollection(aCharsCount, aMatrixDim * aMatrixDim, aCharsCount);
//gerar um padrão para cada carácter
for (int i= 0; i<aCharsCount; i++)
{
//CharToDoubleArray cria uma imagem do carácter e digitaliza-a.
//Pode alterar este método para passar a imagem atual do carácter

double[] aBitMatrix = CharToDoubleArray(Convert.ToChar(aFirstChar + i), font, aMatrixDim, 0);

//Atribuir o valor da matriz como entrada para o padrão

for (int j = 0; j<aMatrixDim * aMatrixDim; j++) result[i].Input[j] = aBitMatrix[j];
/Valor de saída definido como 1 para o carácter correspondente.
/O resto das saídas estão definidas para 0 por defeito.
resultado[i].Saída[i] = 1;
}
resultado de retorno;
}

Agora concluímos a criação de padrões e podemos utilizá-los para treinar a rede neural.
Formação da rede.
Para iniciar o processo de treino da rede, basta chamar o método Train e passar-lhe os nossos padrões de treino.
/Treinar a rede
backpropNetwork.Train(trainingPatterns);

Normalmente, um fluxo de execução sairá deste método quando o treino estiver concluído, mas, em alguns casos, poderá ficar lá para sempre (!). O método Train está atualmente implementado com base apenas num facto: o treino da rede estará concluído mais cedo ou mais tarde. Bem, admito que é um pressuposto errado e que a formação da rede pode nunca estar concluída. As razões mais "populares" para o fracasso do treinamento da rede neural são:

A formação nunca é concluída porque:	Solução possível
1. A topologia da rede é demasiado simples para lidar com a quantidade de padrões de treino que fornece. Terá de criar uma rede maior.	Adicionar mais nós à camada intermédia ou adicionar mais camadas intermédias à rede.
2. Os padrões de treino não são suficientemente claros, não são precisos ou são demasiado complicados para que a rede os possa distinguir.	Como solução, pode limpar os padrões ou utilizar um tipo diferente de rede / algoritmo de formação. Além disso, não é possível treinar a rede para adivinhar o próximo prémio da lotaria
	números... :-)
3. As nossas expectativas de formação são demasiado elevadas e/ou pouco realistas.	Reduzir as nossas expectativas. A rede nunca pode estar 100% "segura"
4. Sem motivo	Verificar o código!

A maioria dessas razões é muito fácil de resolver e é um bom tema para um artigo futuro. Entretanto, podemos apreciar os resultados.

Apreciar os resultados

Agora podemos ver o que a rede aprendeu. O fragmento de código a seguir mostra como usar a rede neural treinada na nossa aplicação OCR.

/Obter os seus dados de entrada
double[] aInput = ... (a sua imagem digitalizada do carácter)
//Carregar os dados na rede

for   (int   i   =   0;   i<   backpropNetwork.InputNodesCount;i++)
backpropNetwork.InputNode(i).Value = aInput[i];
/Executar a rede
backpropNetwork.Run();
/Obter o resultado da rede e convertê-lo num carácter de **retorno**
Convert.ToChar(aFirstChar + backpropNetwork.BestNodeIndex).ToString();

Para utilizar a rede, é necessário carregar os nossos dados na camada de entrada. Em seguida, utilizar o método Run para permitir que a rede processe os nossos dados. Finalmente, obter os resultados dos nós de saída da rede e analisá-los (a propriedade BestNodeIndex que criei na classe OCRNetwork faz este trabalho por mim).

2.2 Reconhecimento de caracteres por receptores

A abordagem descrita acima funciona bem. Mas há alguns problemas. Suponhamos que treinamos a nossa rede utilizando o conjunto de treino acima com letras de tamanho 5x6. Mas o que devemos fazer se precisarmos de reconhecer uma letra, que é representada por uma imagem 8x8? A resposta óbvia é redimensionar a imagem. Mas, e a imagem que contém uma letra impressa com um tamanho de letra de 72? Acho que não obteremos um bom resultado depois de a redimensionar para uma imagem 5x6. OK, vamos treinar a nossa rede utilizando imagens 8x8, ou mesmo 16x16 para obter uma precisão elevada. Mas, imagens 16x16 levarão a um vetor de entrada de tamanho 256, o que consumirá mais desempenho para treinar a rede neural.

Outra ideia baseia-se na utilização dos chamados receptores. Suponhamos que temos uma imagem com uma letra de tamanho arbitrário. Nesta abordagem, formaremos um vetor de entrada utilizando não os valores dos pixels da imagem, mas sim os valores dos receptores. O que são esses receptores? Os receptores são representados por um conjunto de linhas de tamanho e direção arbitrários. Qualquer recetor terá um valor ativado ("0,5" no vetor de entrada) se atravessar uma letra e um valor desativado ("-0,5" no vetor de entrada) se não atravessar uma letra. O tamanho de um vetor de entrada será o mesmo que a contagem de receptores. A propósito, podemos utilizar um conjunto de receptores horizontais e verticais curtos para obter o mesmo efeito que no caso da utilização de valores de píxeis para imagens de tamanho reduzido.

A vantagem deste método é que podemos treinar a rede neural em imagens grandes, mesmo com uma pequena quantidade de receptores. Redimensionar uma imagem com uma letra para 75x75 (ou mesmo 150x150) pixéis não conduzirá a uma má qualidade de imagem, pelo que será muito mais fácil de reconhecer. Mas, por outro lado, podemos sempre redimensionar facilmente o nosso conjunto de receptores, porque estes são definidos como linhas com duas coordenadas. E outra grande vantagem é que podemos tentar gerar um conjunto de receptores bastante pequeno, que será capaz de reconhecer todo o conjunto de treino utilizando apenas as caraterísticas das letras mais significativas.

No entanto, existem algumas desvantagens. A abordagem descrita só pode ser aplicada à tarefa de OCR. Não é possível reconhecer padrões complexos, porque neste caso precisaremos de demasiados receptores. Mas, como estamos a fazer investigação na área das tarefas de OCR, isso não nos perturbará muito. Há outra questão, que é muito mais difícil e que requer mais investigação. Como gerar o conjunto de receptores? Manualmente ou de forma aleatória? Como ter a certeza de que o conjunto é ótimo?

Podemos utilizar a seguinte abordagem para a geração do conjunto de receptores: primeiro, geramos aleatoriamente um grande conjunto de receptores e, em seguida, escolhemos uma quantidade específica dos melhores receptores. Como resolver se o recetor especificado é bom ou não? Vamos tentar utilizar a entropia, que é bem conhecida da teoria da informação. Vou explicar com um pequeno exemplo:

	0	1	2
0	11101	00000	00000
1	11111	00000	01011
2	11101	00000	00000
3	11111	00010	11111
4	10101	00000	00000

Aqui está uma tabela que contém alguns dados de treino. Aqui podemos ver cinco tipos de objectos, que são representados por linhas, e três receptores, que são representados por colunas. Cada objeto tem cinco variantes diferentes. Vamos descrever, por exemplo, o primeiro valor da tabela: "11101". Isto significa que o primeiro recetor atravessa a primeira variante do primeiro objeto, atravessa também a segunda, a terceira e a quinta variantes, mas não atravessa a quarta variante. Está limpo? Muito bem, vejamos a quinta linha, primeira coluna: um recetor atravessa a primeira, a terceira e a quinta variantes, mas não atravessa a segunda e a quarta variantes.

Utilizaremos dois conceitos: entropia interna e entropia externa. A entropia interna é uma entropia de um recetor específico para um objeto específico. A entropia interna diz-nos quão bom é o recetor especificado para reconhecer o objeto especificado, e o valor deve ser o mais baixo possível. Vejamos a segunda linha e a primeira coluna onde se encontra "11111". A entropia do conjunto será 0. É bom, porque este recetor terá 100% de certeza de que estamos a trabalhar com o segundo objeto, porque o recetor tem o mesmo valor para todas as variantes do objeto especificado. A mesma coisa acontece com a segunda linha e a segunda coluna: "00000". A sua entropia também é 0. Mas vejamos a quinta linha e a primeira coluna: "10101". A entropia do conjunto é 0,971 e é má, porque o recetor não tem a certeza sobre o objeto especificado. Quanto mais a entropia externa é calculada para toda a coluna, mais ela se aproxima do valor "1", e melhor é. Porquê? Porquê? Se a entropia externa for pequena, então o recetor é inútil, porque não consegue dividir padrões. O melhor recetor deve ser ativado para metade de todos os objectos e desativado para a outra metade. Assim, eis a fórmula final para calcular a usabilidade dos receptores: usabilidade = Entropia exterior * (1 - Entropia interior média). A entropia interna média é apenas a soma das entropias internas do recetor para todos os objectos dividida pela quantidade de objectos.

Assim, utilizando a ideia, inicialmente devemos gerar aleatoriamente um grande conjunto de receptores, por exemplo 500. Depois, devemos gerar entradas de treino temporárias utilizando estes receptores. Com base nos dados, podemos filtrar uma quantidade predefinida de receptores, por exemplo, podemos guardar 100 receptores com a melhor usabilidade. O procedimento de filtragem reduzirá a quantidade de dados de treino e o número de entradas da rede neural. Depois, com os dados de treino filtrados, podemos continuar o treino da nossa rede da mesma forma que a descrita na abordagem anterior.

Aplicação de teste

O artigo inclui uma aplicação de teste que tenta implementar a segunda abordagem. Como a utilizar? Vamos experimentar o primeiro teste:

- Temos de gerar um conjunto inicial de receptores. No arranque da aplicação, este já é gerado, pelo que podemos saltar este passo, se não estivermos a planear alterar a quantidade inicial de receptores ou a quantidade filtrada.
- Selecionar os tipos de letra que serão utilizados na rede de ensino. Para a primeira vez, selecionar o tipo de letra Arial.
- Gerar dados. Nesta etapa, serão gerados os dados de treino iniciais.
- Filtrar os dados. Nesta etapa, o conjunto inicial de receptores, bem como os dados de treino, serão filtrados.
- Criar rede - será criada uma rede neural.
- Treinar rede - formação de redes neuronais.
- Vejamos o valor de classificação incorrecta. Deve ser "0/26", o que significa que a rede treinada pode reconhecer com êxito todos os padrões do conjunto de treinamento.
- Podemos garantir isso utilizando os botões "Desenhar" e "Reconhecer".

Depois de executar todos estes passos, verificamos que o conceito está a funcionar! Pode tentar um teste mais complexo, escolhendo todos os tipos de letra regulares. Mas não se esqueça de ativar a opção "Escala" antes de gerar os dados. A opção irá dimensionar todas as imagens do conjunto de treino. Depois, pode definir o limite de erro da segunda passagem para "0,5" para um treino mais rápido ou deixá-lo em "0,1" se não estiver com pressa. No final do treino, deve obter um valor de erro de classificação de "0 / 130". Pode verificar se todas as imagens do conjunto de treino podem ser reconhecidas.

Pode até tentar ensinar a uma rede todos os tipos de letra: normal e itálico. Para isso, deve utilizar a opção "Escala" e terá de jogar um pouco com os valores da velocidade de aprendizagem e do limite de erro. Também pode tentar utilizar uma rede com duas camadas. Consegui obter um valor de erro de classificação de "4/260" com apenas 100 rece

CAPÍTULO 3

TRABALHO EFECTUADO

3.1 Implementação do OCR

Como sabemos, o MLP e muitas outras redes neuronais aprendem utilizando um algoritmo chamado back propagation.

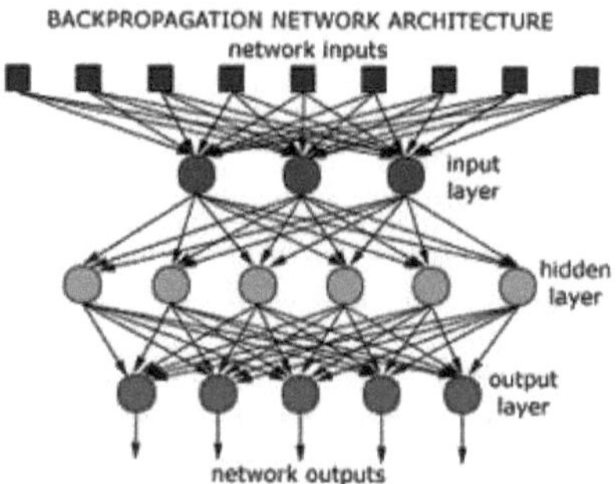

Fig.2 - representa a arquitetura da rede backpropagation.

As redes de retropropagação consistem em duas ou três camadas de neurónios, e todos os neurónios se comportam como se mostra acima. Qualquer neurónio recebe o input de todos os neurónios da camada anterior e envia o seu output para todos os neurónios da camada inferior. No caso da camada de entrada, as entradas são o que colocamos na rede e, no caso da camada de saída, as saídas são o que obtemos dela.

Com a retropropagação, os dados de entrada são apresentados à rede neuronal. Em cada apresentação, o resultado da rede neuronal é comparado com o resultado pretendido e é calculado um erro. Este erro é então devolvido (retropropagado) à rede neuronal e utilizado para ajustar os pesos de forma a que o erro diminua e o modelo neuronal se aproxime cada vez mais do resultado pretendido. Este processo é conhecido como "treino".

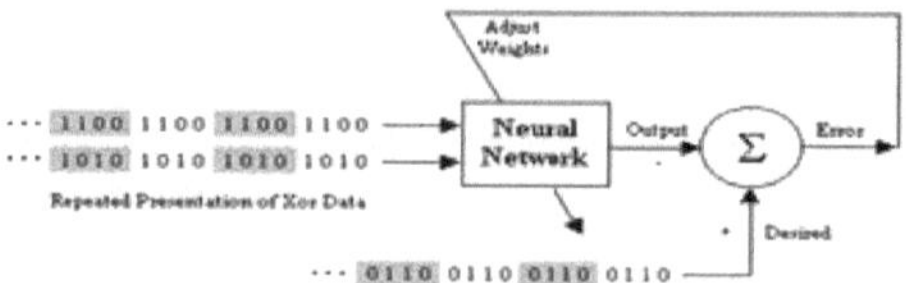

Muitos dos scanners de documentos actuais para PC vêm com software que executa uma tarefa conhecida como reconhecimento ótico de caracteres (OCR). O software de OCR permite digitalizar um documento impresso e, em seguida, converter a imagem digitalizada para um formato de texto eletrónico, como um documento Word, permitindo-lhe manipular o texto. Para efetuar esta conversão, o software tem de analisar cada grupo de pixels (0's e 1's) que formam uma letra e produzir um valor que corresponda a essa letra. Alguns dos softwares de OCR existentes no mercado utilizar uma rede neural como motor de classificação.

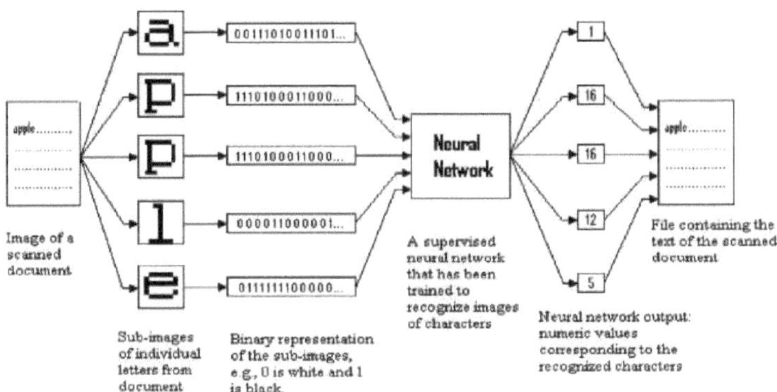

3.2 Abordagens ao ROC

Podem ser utilizadas muitas abordagens diferentes para o problema do OCR. A abordagem mais comum baseia-se em redes neuronais, que podem ser aplicadas a diferentes tarefas, como o reconhecimento de padrões, a previsão de séries temporais, a aproximação de funções, a agregação, etc.

Abordagem 1

A rede neural feed forward com aprendizagem por retropropagação pode ser utilizada como uma abordagem simples ao problema do OCR. Neste caso, começa-se por preparar um conjunto de treino e depois treina-se uma rede neuronal para reconhecer padrões a partir desse conjunto de treino. Isto é feito para que a rede responda com a saída desejada em relação à entrada especificada. É por isso que cada amostra de treino é representada por dois componentes:

- Entradas possíveis
- Saída de rede pretendida para a entrada3

Abordagem 2

Outra abordagem baseia-se nos receptores. Os receptores são representados por um conjunto de linhas de tamanho e direção arbitrários. Qualquer recetor tem um valor ativado de ("0,5 no vetor de entrada) se atravessar uma letra e um valor desativado de ("-0,5 no vetor de entrada) se não atravessar uma letra. Neste caso, utilizamos dois tipos de entropias: a entropia interna e a entropia externa.

Usabilidade = Entropia externa × (1 - Entropia interna média)

Outra ideia baseia-se na utilização dos chamados receptores. Suponhamos que temos uma imagem com uma letra de tamanho arbitrário. Nesta abordagem, formaremos um vetor de entrada utilizando não os valores dos pixels da imagem, mas sim os valores dos receptores. O que são esses receptores? Os receptores são representados por um conjunto de linhas de tamanho e direção arbitrários. Qualquer recetor terá um valor ativado ("0,5" no vetor de entrada) se atravessar uma letra e um valor desativado ("-0,5" no vetor de entrada) se não atravessar uma letra. O tamanho de um vetor de entrada será o mesmo que a contagem de receptores. Desta forma, podemos utilizar um conjunto de receptores horizontais e verticais curtos para obter o mesmo efeito que no caso da utilização de valores de píxeis para imagens de tamanho reduzido.

A vantagem deste método é que podemos treinar a rede neural em imagens grandes, mesmo com uma pequena quantidade de receptores. Redimensionar uma imagem com uma letra para 75x75 (ou mesmo

150x150) pixéis não conduzirá a uma má qualidade de imagem, pelo que será muito mais fácil de reconhecer. Mas, por outro lado, podemos sempre redimensionar facilmente o nosso conjunto de receptores, porque estes são definidos como linhas com duas coordenadas. E outra grande vantagem é que podemos tentar gerar um conjunto de receptores bastante pequeno, que será capaz de reconhecer todo o conjunto de treino utilizando apenas a caraterística da letra mais significativa

CAPÍTULO 4

4.1 Implementação de software

Atualmente, estão disponíveis no mercado muitas ferramentas de software especificamente concebidas para satisfazer as necessidades dos consumidores. Algumas dessas ferramentas, juntamente com os seus requisitos de sistema, são mencionadas a seguir:

Tabela 4.1 Lista de software de OCR

Nome	Licença	Funcionamento Sistemas	Notas
ExperVision TypeReader & RTK	Comercial	Windows,Mac OS X, Unix, Linux, OS/2	A ExperVision Inc. foi fundada em 1987 e a sua tecnologia e produto OCR obteve as melhores classificações nos testes independentes efectuados pela UNLV durante os anos consecutivos em que a ExperVision participou. "O TypeReader® tem uma grande vantagem: velocidade. Esta aplicação de OCR de nível empresarial processa mais rapidamente do que qualquer produto do seu tipo que já testámos: converteu uma imagem digitalizada de um livro de 700 páginas num ficheiro Word editável em 6 minutos!" "Vale a pena considerar o TypeReader para OCR de alto volume e alta velocidade a nível empresarial" **Gary Berline, PC Magazine, 08.12.08**
ABBYY FineReader OCR	Comercial	Windows, Mac OS X	Para trabalhar com interfaces localizadas, é necessário um suporte linguístico correspondente.
OmniPage	Comercial (Nuance EULA)	Windows, Mac OS	Produto da Nuance Communications
Readiris	Comercial	Windows, Mac OS	Produto do Grupo I.R.I.S. da Bélgica. Edições asiáticas e do Médio Oriente.
CVision Technologies PdfCompressor e Servidor de Reconhecimento Maestro	Comercial	Janelas	OCR rápido, preciso e de grande volume [4]
Sistemas de imagem de topo	Comercial	Janelas	Especializados em leitores de facturas.
Zonal OCR	Comercial	Janelas	O OCR zonal é o processo pelo qual as aplicações de reconhecimento ótico de caracteres (OCR) "lêem" texto especificamente zonado a partir de uma imagem digitalizada. Muitas aplicações de processamento de imagens de documentos em lote permitem ao utilizador final identificar e desenhar uma "zona" numa

			imagem de amostra a ser reconhecida. Uma vez estabelecida a zona na imagem de amostra, esta zona será aplicada a cada imagem processada para que os dados possam ser extraídos do ficheiro de imagem e convertidos para um formato ASCII. O OCR zonal ajuda a automatizar a extração de dados de imagens digitais. No entanto, o OCR zonal, e o OCR em geral, não é totalmente exato e será necessário rever os dados extraídos.
Computador ViewWise	Comercial	Janelas	Sistema de gestão de documentos
CuneiForm	Variante BSD	Windows, Linux, BSD, MacOSX.	Sistema de classe empresarial, multilingue, pode guardar formatação de texto e reconhece tabelas complicadas de qualquer estrutura
GOCR	GPL	Muitos (fonte aberta)	Desenvolvimento inicial
Microsoft Office Documento Imagiologia	Comercial	Windows, Mac OS X	
Microsoft Office OneNote 2007	Comercial	Janelas	
NovoDynamics VERUS	Comercial		Especialista em línguas do Médio Oriente
Ocrad	GPL	Tipo Unix, OS/2	
Brainware	Comercial	Janelas	Extração de dados sem modelos e processamento de dados a partir de documentos para qualquer sistema backend; os exemplos de tipos de documentos incluem facturas, extractos de remessa, conhecimentos de embarque e POs
HOCR	GPL	Linux	OCR hebraico
InstantOCR	Software gratuito	Em linha	Um sistema de reconhecimento em linha multilingue. Pode processar ficheiros em linha e enviar resultados instantaneamente.
OCRopus	Apache	Linux	Estrutura conectável que pode utilizar
			Tesseract
ReadSoft	Comercial	Janelas	Digitalizar, capturar e classificar documentos comerciais, tais como formulários, facturas e Poss.
Reconhecido Tecnologias	Comercial	Janelas	Solução avançada de processamento de formulários para reconhecer e classificar facilmente qualquer tipo de formulário. Também reconhece códigos de barras, caixas de verificação OMR, texto manuscrito ICR e linhas de código OCR-

			A/B e CMC7/E13B. Captura dados de formulários, liberta a saída em DBMS ou ficheiros.
Alt-N Tecnologias RelayFax NetworkFax Diretor	Comercial	Janelas	O plug-in OCR multilingue é utilizado para converter páginas de fax em formatos de documentos editáveis (doc, pdf, etc...) em muitas línguas diferentes.
Scantron Cognição	Comercial	Janelas	Para trabalhar com interfaces localizadas, é necessário um suporte linguístico correspondente.
SimpleOCR	Versões freeware e comercial	Janelas	
Terminal OCR	Versões freeware e comercial	Windows, Mac OS X, Linux	Serviço de OCR baseado na Web.
SmartScore	Comercial	Windows, Mac OS	Para partituras musicais
Tesseract	Apache	Windows, Mac OS X, Linux, OS/2	Em desenvolvimento pela Google
OCR gratuito	Software gratuito	Em linha	Serviço de OCR em linha, baseado no Tesseract.
Mais dados	Software gratuito	Janelas	digitalizar uma única imagem ou uma lista de imagens e procurar palavras nas suas imagens

4.2 Demonstração do OCR

Uma demonstração de Reconhecimento de Caracteres codificada pelo VB Visual Studio.Net ilustra o conceito básico de Reconhecimento Neural.
Rede.

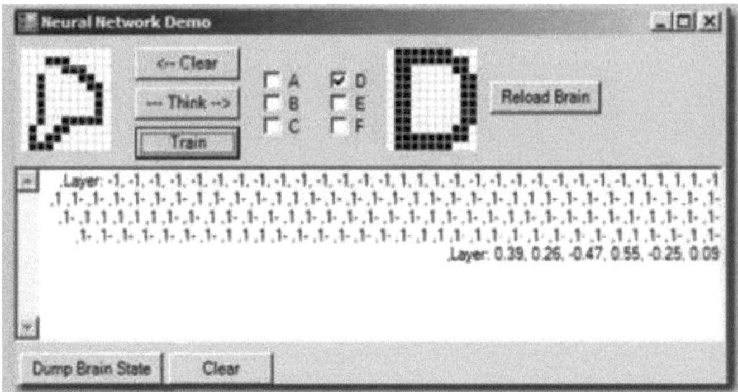

O objetivo desta janela é demonstrar o reconhecimento básico de caracteres. O lado esquerdo é uma entrada na qual pode desenhar e as seis caixas de verificação marcadas de "A" a "F" são as saídas. . Seguem-se alguns exemplos de padrões de entrada e os resultados resultantes da rede neural. A maioria é bastante boa.

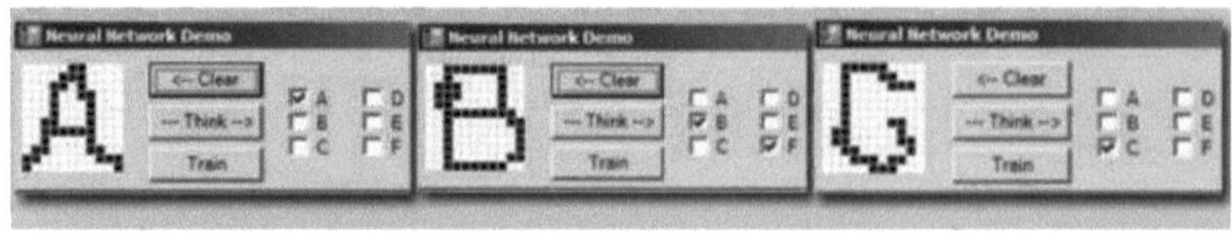

Exemplos de casos de entrada e boas suposições da rede neural. E agora alguns exemplos cuidadosamente escolhidos que devem ajudar a ilustrar as limitações desta solução.

4.3 Implementação de software

No entanto, nesta dissertação, o C# é utilizado como ambiente de programação para conceber uma ferramenta de simulação para OCR.

A ferramenta de simulação aqui desenvolvida recebe, em segundo plano, as entradas dos vários subprogramas criados em C# e de várias bibliotecas padrão do ambiente de programação.

Os principais programas utilizados no contexto desta ferramenta estão descritos no Apêndice.

4.4 Resultados da simulação

Foram apresentados os resultados da simulação utilizando diferentes capturas de ecrã, o que permite à máquina compreender o reconhecimento dos caracteres após a formação do sistema.

As figuras seguintes representam a forma como o sistema foi treinado para diferentes tipos de caracteres.

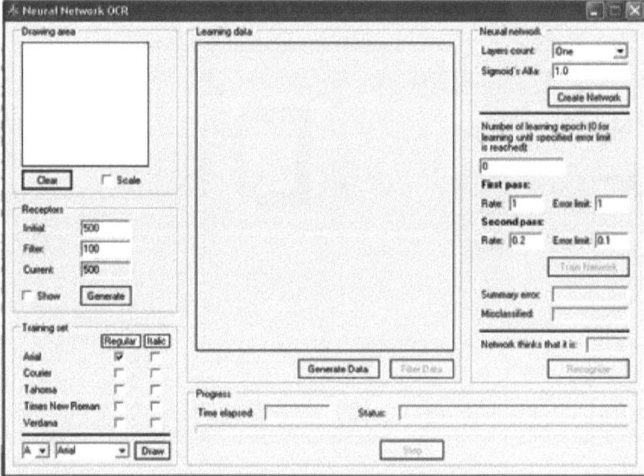

Fig (a) Nenhum carácter foi escrito

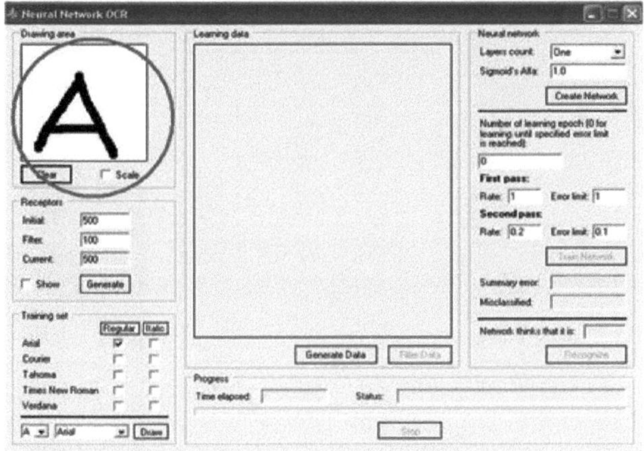

Fig (b) Carácter escrito na área de desenho

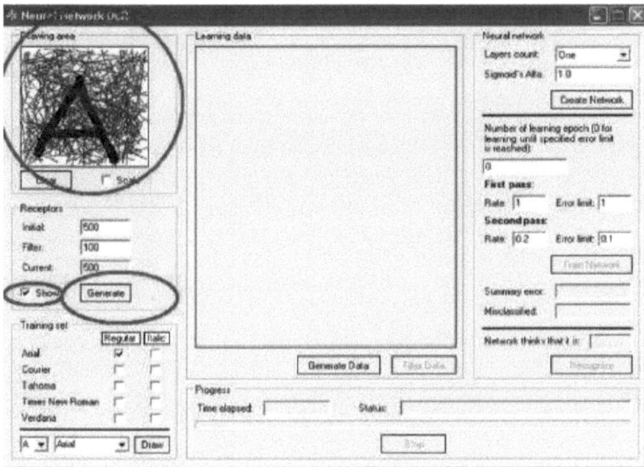

Fig(c) Linhas de receptores que cortam o carácter

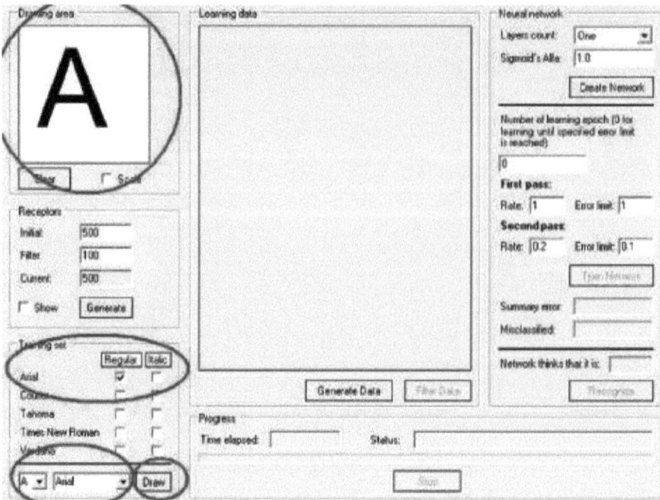

Fig (d) O carácter foi reconhecido pela máquina

CAPÍTULO 5

A abordagem mais popular e simples para o problema do OCR baseia-se numa rede neural feed forward com aprendizagem por retropropagação. A ideia principal é que devemos começar por preparar um conjunto de treino e depois treinar uma rede neuronal para reconhecer padrões do conjunto de treino. Na etapa de treino, ensinamos a rede a responder com a saída desejada para uma entrada específica. Para o efeito, cada amostra de treino é representada por dois componentes: a entrada possível e a saída desejada da rede para a entrada. Depois de concluída a etapa de treino, podemos dar uma entrada arbitrária à rede e a rede formará uma saída, a partir da qual podemos resolver um tipo de padrão apresentado à rede.

Em suma, o OCR é uma tecnologia valiosa que automatiza a conversão de texto impresso ou manuscrito em conteúdo digital editável e pesquisável, permitindo a gestão eficiente de documentos e a extração de dados em várias indústrias.

```
// Sistema de OCR por redes neurais;
utilizando System.Drawing;
utilizando System.Collections;
utilizando System.ComponentModel;
utilizando System.Windows.Forms;
utilizando System.Data;
utilizando System.Threading;
usando AForge.Math;
utilizando AForge.NeuralNet;
usando AForge.NeuralNet.Learning;
namespace NeuroOCR {
/// <summary>
/// Descrição sumária para Form1.
/// </summary>
public class MainForm : System.Windows.Forms.Form {
private static string[] fonts = new string[] {"Arial", "Courier", "Tahoma", "Times New Roman",
"Verdana"};
private bool[] regularFonts = new bool[fonts.Length];
private bool[] italicFonts = new bool[fonts.Length];
dados privados int[,][];
private Receptors receptors = new Receptors();
private int initialReceptorsCount = 500;
private int receptorsCount = 100;
rede privada neuralNet;
float privado    learningRate1= 1.0f;
private floaterrorLimit1       =1      .0f;
private  floatlearningRate2=     0.2f;
private floaterrorLimit2        =0      .1f;
private int      learningEpoch = 0;
private floaterror       = 0.0f;
private intmisclassified = 0;
private DateTime startTime;
private Thread workerThread;
private ManualResetEvent stopEvent = null;
private int workType;
private System.Windows.Forms.GroupBox groupBox1;
private System.Windows.Forms.Button clearButton;
private System.Windows.Forms.GroupBox groupBox2;
private System.Windows.Forms.Label label1;
private System.Windows.Forms.TextBox initialReceptorsBox;
private System.Windows.Forms.Label label2;
private System.Windows.Forms.TextBox receptorsBox;
private System.Windows.Forms.Button generateReceptorsButton;
private System.ComponentModel.IContainer components;
private System.Windows.Forms.CheckBox showReceptorsCheck;
private System.Windows.Forms.GroupBox trainingSetGroup;
private System.Windows.Forms.Label label3;
```

```csharp
private System.Windows.Forms.Label label4;
private System.Windows.Forms.Label label5;
private System.Windows.Forms.Label label6;
private System.Windows.Forms.Label label7;
private System.Windows.Forms.CheckBox arialCheck;
private System.Windows.Forms.CheckBox arialItalicCheck;
private System.Windows.Forms.Label label8;
private System.Windows.Forms.Label label9;
private System.Windows.Forms.CheckBox courierCheck;
private System.Windows.Forms.CheckBox courierItalicCheck;
private System.Windows.Forms.CheckBox tahomaCheck;
private System.Windows.Forms.CheckBox tahomaItalicCheck;
private System.Windows.Forms.CheckBox timesCheck;
private System.Windows.Forms.CheckBox timesItalicCheck;
private System.Windows.Forms.CheckBox verdanaCheck;
private System.Windows.Forms.CheckBox verdanaItalicCheck;
private System.Windows.Forms.Label label10;
private System.Windows.Forms.ComboBox lettersCombo;
private System.Windows.Forms.Button drawButton;
private System.Windows.Forms.ComboBox fontsCombo;
private System.Windows.Forms.GroupBox groupBox3;
private System.Windows.Forms.Button filterDataButton;
private System.Windows.Forms.GroupBox groupBox4;
private System.Windows.Forms.Button traintNetworkButton;
private System.Windows.Forms.Button recognizeButton;
private System.Windows.Forms.Label label11;
private System.Windows.Forms.TextBox currentReceptorsBox;
private System.Windows.Forms.Label label12;
private System.Windows.Forms.ComboBox layersCombo;
private System.Windows.Forms.Label label13;
private System.Windows.Forms.TextBox alfaBox;
private System.Windows.Forms.Button createNetButton;
private System.Windows.Forms.Label label14;
private System.Windows.Forms.GroupBox groupBox5;
private System.Windows.Forms.Label label15;
private System.Windows.Forms.TextBox timeBox;
private System.Windows.Forms.Label label16;
private System.Windows.Forms.TextBox statusBox;
private System.Windows.Forms.ProgressBar progressBar;
private System.Windows.Forms.Timer timer;
private System.Windows.Forms.Button stopButton;
private System.Windows.Forms.Label label17;
private System.Windows.Forms.Label label18;
private System.Windows.Forms.TextBox rate1Box;
private System.Windows.Forms.Label label19;
private System.Windows.Forms.TextBox limit1Box;
private System.Windows.Forms.Label label20;
private System.Windows.Forms.TextBox limit2Box;
private System.Windows.Forms.Label label21;
private System.Windows.Forms.TextBox rate2Box;
```

```csharp
private System.Windows.Forms.Label label22;
private System.Windows.Forms.Label label23;
privado NeuroOCR.PaintBoard paintBoard;
private NeuroOCR.GridArray dataGrid;
private System.Windows.Forms.CheckBox scaleCheck;
private System.Windows.Forms.Label label24;
private System.Windows.Forms.TextBox learningEpochBox;
private System.Windows.Forms.Label label25;
private System.Windows.Forms.TextBox errorBox;
private System.Windows.Forms.Label label26;
private System.Windows.Forms.TextBox outputBox;
private System.Windows.Forms.TextBox misclassifiedBox;
private System.Windows.Forms.Label label27;
private System.Windows.Forms.Button generateDataButton;
// Construtor
público MainForm()
{
//
// Necessário para suporte do Windows Form Designer
//
InitializeComponent();
//
initialReceptorsBox.Text = initialReceptorsCount.ToString();
receptorsBox.Text = receptorsCount.ToString();
showReceptorsCheck.Checked    =    paintBoard.ShowReceptors;    scaleCheck.Checked    =
paintBoard.ScaleImage;
// definir a coleção de receptores para o quadro de pintura paintBoard.Receptors = receptors;
// gerar coleção de receptores por defeito
GerarReceptores();
// adicionar 26 letras
for (int i = 0; i < 26; i++)
{
letrasCombo.Items.Add((char)((int)'A' + i));
}
letrasCombo.SelectedIndex = 0;
// adicionar todos os tipos de letra
for (int i = 0; i < fonts.Length; i++)
{
fontsCombo.Items.Add(fonts[i]);
fontsCombo.Items.Add(string.Format("{0} - Itálico", fonts[i]));
}
fontsCombo.SelectedIndex = 0;
UpdateAvailableFonts();
// definir para uma camada de rede camadasCombo.SelectedIndex = 0;
//
alfaBox.Text = "1.0";
rate1Box.Text = learningRate1.ToString();
limit1Box.Text=        errorLimit1.ToString();
rate2Box.Text = learningRate2.ToString();
limit2Box.Text=        errorLimit2.ToString();
```

```csharp
learningEpochBox.Text = learningEpoch.ToString();
}
/// <summary>
/// Limpa quaisquer recursos que estejam a ser utilizados.
/// </summary>
protected override void Dispose( bool disposing )
{
se( descartar )
{
se (componentes != nulo)
{
                                    componentes.Dispose();
}
}
base.Dispose( eliminando );
}
#região Código gerado pelo Windows Form Designer
/// <summary>
/// Método necessário para o suporte do Designer - não modificar
/// o conteúdo deste método com o editor de código.
/// </summary>
private void InitializeComponent()
{
this.components = new System.ComponentModel.Container();
System.Resources.      ResourceManagerresources=new
System.Resources.ResourceManager(typeof(MainForm));
this.groupBox1 = new System.Windows.Forms.GroupBox();
this.scaleCheck = new System.Windows.Forms.CheckBox();
this.paintBoard = new NeuroOCR.PaintBoard();
this.clearButton = novo botão System.Windows.Forms.Button();
this.groupBox2 = nova System.Windows.Forms.GroupBox();
this.showReceptorsCheck = new System.Windows.Forms.CheckBox();
this.generateReceptorsButton = new System.Windows.Forms.Button();
this.receptorsBox = new System.Windows.Forms.TextBox();
this.label2 = novo System.Windows.Forms.Label();
this.initialReceptorsBox = new System.Windows.Forms.TextBox();
this.label1 = novo System.Windows.Forms.Label();
this.label11 = novo System.Windows.Forms.Label();
this.currentReceptorsBox = new System.Windows.Forms.TextBox();
this.trainingSetGroup = new System.Windows.Forms.GroupBox();
this.verdanaItalicCheck = new System.Windows.Forms.CheckBox();
this.verdanaCheck = new System.Windows.Forms.CheckBox();
this.timesItalicCheck = new System.Windows.Forms.CheckBox();
this.timesCheck = new System.Windows.Forms.CheckBox();
this.tahomaItalicCheck = new System.Windows.Forms.CheckBox();
this.tahomaCheck = new System.Windows.Forms.CheckBox();
this.courierItalicCheck = new System.Windows.Forms.CheckBox();
this.courierCheck = new System.Windows.Forms.CheckBox();
this.arialItalicCheck = new System.Windows.Forms.CheckBox();
this.arialCheck = new System.Windows.Forms.CheckBox();
```

```
this.label7 = novo System.Windows.Forms.Label();
this.label6 = novo System.Windows.Forms.Label();
this.label5 = novo System.Windows.Forms.Label();
this.label4 = novo System.Windows.Forms.Label();
this.label3 = novo System.Windows.Forms.Label();
this.label8 = novo System.Windows.Forms.Label();
this.label9 = novo System.Windows.Forms.Label();
this.label10 = novo System.Windows.Forms.Label();
this.lettersCombo = new System.Windows.Forms.ComboBox();
this.drawButton = new System.Windows.Forms.Button();
this.fontsCombo = new System.Windows.Forms.ComboBox();
this.groupBox3 = nova System.Windows.Forms.GroupBox();
this.dataGrid = new NeuroOCR.GridArray();
this.filterDataButton = novo botão System.Windows.Forms.Button();
this.generateDataButton = new System.Windows.Forms.Button();
this.groupBox4 = nova System.Windows.Forms.GroupBox();
this.label27 = novo System.Windows.Forms.Label();
this.misclassifiedBox = new System.Windows.Forms.TextBox();
this.outputBox = new System.Windows.Forms.TextBox();
this.label26 = novo System.Windows.Forms.Label();
this.errorBox = new System.Windows.Forms.TextBox();
this.label25 = novo System.Windows.Forms.Label();
this.learningEpochBox = nova caixa de texto System.Windows.Forms.TextBox();
this.label24 = novo System.Windows.Forms.Label();
this.label23 = novo System.Windows.Forms.Label();
this.limit2Box = nova caixa de texto System.Windows.Forms.TextBox();
this.label21 = novo System.Windows.Forms.Label();
this.rate2Box = nova caixa de texto System.Windows.Forms.TextBox();
this.label22 = novo System.Windows.Forms.Label();
this.label20 = novo System.Windows.Forms.Label();
this.limit1Box = nova caixa de texto System.Windows.Forms.TextBox();
this.label19 = novo System.Windows.Forms.Label();
this.rate1Box = new System.Windows.Forms.TextBox();
this.label18 = novo System.Windows.Forms.Label();
this.label17 = novo System.Windows.Forms.Label();
this.createNetButton = new System.Windows.Forms.Button();
this.alfaBox = nova caixa de texto System.Windows.Forms.TextBox();
this.label13 = novo System.Windows.Forms.Label();
this.layersCombo = new System.Windows.Forms.ComboBox();
this.label12 = novo System.Windows.Forms.Label();
this.recognizeButton = new System.Windows.Forms.Button();
this.traintNetworkButton = new System.Windows.Forms.Button();
this.label14 = novo System.Windows.Forms.Label();
this.groupBox5 = nova System.Windows.Forms.GroupBox();
this.stopButton = novo botão System.Windows.Forms.Button();
this.progressBar = novo System.Windows.Forms.ProgressBar();
this.statusBox = new System.Windows.Forms.TextBox();
this.label16 = novo System.Windows.Forms.Label();
this.timeBox = new System.Windows.Forms.TextBox();
this.label15 = novo System.Windows.Forms.Label();
```

```csharp
this.timer = new System.Windows.Forms.Timer(this.components);
this.groupBox1.SuspendLayout();
this.groupBox2.SuspendLayout();
this.trainingSetGroup.SuspendLayout();
this.groupBox3.SuspendLayout();
this.groupBox4.SuspendLayout();
this.groupBox5.SuspendLayout();
this.SuspendLayout();
//
// groupBox1
//
this.groupBox1.Controls.AddRange(new
system.Windows.Forms.Control[]
this.scaleCheck, this.paintBoard,
this.clearButton});
this.groupBox1.Location = new System.Drawing.Point(10, 5);
this.groupBox1.Name = "groupBox1";
this.groupBox1.Size = new System.Drawing.Size(195, 205);
this.groupBox1.TabIndex = 1;
this.groupBox1.TabStop = false;
this.groupBox1.Text = "Área de desenho";
//
// scaleCheck
//
this.scaleCheck.Location = new System.Drawing.Point(105, 175);
this.scaleCheck.Name = "scaleCheck";
this.scaleCheck.Size = new System.Drawing.Size(55, 24);
this.scaleCheck.TabIndex = 4;
this.scaleCheck.Text = "Escala";
this.scaleCheck.CheckedChanged+= new
System.EventHandler(this.scaleCheck_CheckedChanged);
//
// paintBoard
//
this.paintBoard.Location = new System.Drawing.Point(10, 20);
this.paintBoard.Name = "paintBoard";
this.paintBoard.Receptors = null;
this.paintBoard.Size = novo System.Drawing.Size(150, 150);
this.paintBoard.TabIndex = 3;
//
// clearButton
//
this.clearButton.FlatStyle = System.Windows.Forms.FlatStyle.Flat;
this.clearButton.Location = new System.Drawing.Point(10, 175);
this.clearButton.Name = "clearButton";
this.clearButton.Size = novo System.Drawing.Size(60, 23);
this.clearButton.TabIndex = 2;
this.clearButton.Text = "&Clear";
this.clearButton.Click += new System.EventHandler(this.clearButton_Click);
```

```
//
// groupBox2
//
this.groupBox2.Controls.AddRange(new system.Windows.Forms.Control[]
{
this.showReceptorsCheck, this.generateReceptorsButton, this.receptorsBox, this.label2,
this.initialReceptorsBox, this.label1, this.label11, this.currentReceptorsBox});
this.groupBox2.Location = new System.Drawing.Point(10, 220);
this.groupBox2.Name = "groupBox2";
this.groupBox2.Size = new System.Drawing.Size(195, 135);
this.groupBox2.TabIndex = 3;
this.groupBox2.TabStop = false;
this.groupBox2.Text = "Receptores";
//
// showReceptorsCheck
//
this.showReceptorsCheck.Location = new System.Drawing.Point(10, 100);
this.showReceptorsCheck.Name = "showReceptorsCheck";
this.showReceptorsCheck.Size = new System.Drawing.Size(57, 24);
this.showReceptorsCheck.TabIndex = 5;
this.showReceptorsCheck.Text = "&Show";
this.showReceptorsCheck.       CheckedChanged+=new
System.EventHandler(this.showReceptorsCheck_CheckedChanged);
//
// generateReceptorsButton
// this.generateReceptorsButton.FlatStyle = System.Windows.Forms.FlatStyle.Flat;
this.generateReceptorsButton.Location = new System.Drawing.Point(80, 100);
this.generateReceptorsButton.Name = "generateReceptorsButton";
this.generateReceptorsButton.Size = new System.Drawing.Size(60, 23);
this.generateReceptorsButton.TabIndex = 4;
this.generateReceptorsButton.Text = "&Generate";
this.generateReceptorsButton.   Click+=new
System.EventHandler(this.generateReceptorsButton_Click); //
// receptoresBox
//
this.receptorsBox.Location = new System.Drawing.Point(80, 45);
this.receptorsBox.Name = "receptorsBox";
this.receptorsBox.Size = new System.Drawing.Size(60, 20);
this.receptorsBox.TabIndex = 3;
this.receptorsBox.Text = "";
//
// label2
//
this.label2.Location = new System.Drawing.Point(10, 48);
this.label2.Name = "label2";
this.label2.Size = novo System.Drawing.Size(37, 16);
this.label2.TabIndex = 2;
this.label2.Text = "Filtro:";
//
// initialReceptorsBox
```

```
//
this.initialReceptorsBox.Location = new System.Drawing.Point(80, 20);
this.initialReceptorsBox.Name = "initialReceptorsBox";
this.initialReceptorsBox.Size = new System.Drawing.Size(60, 20);
this.initialReceptorsBox.TabIndex = 1;
this.initialReceptorsBox.Text = "";
//
// label1
//
this.label1.Location = new System.Drawing.Point(10, 23);
this.label1.Name = "label1";
this.label1.Size = novo System.Drawing.Size(42, 15);
this.label1.TabIndex = 0;
this.label1.Text = "Inicial:";
//
// label11
//
this.label11.Location = new System.Drawing.Point(10, 73);
this.label11.Name = "label11";
this.label11.Size = novo System.Drawing.Size(50, 14);
this.label11.TabIndex = 7;
this.label11.Text = "Atual:";
//
// currentReceptorsBox
//
this.currentReceptorsBox.Location = new System.Drawing.Point(80, 70);
this.currentReceptorsBox.Name = "currentReceptorsBox";
this.currentReceptorsBox.ReadOnly = true;
this.currentReceptorsBox.Size = new System.Drawing.Size(60, 20);
this.currentReceptorsBox.TabIndex = 7;
this.currentReceptorsBox.Text = "";
//
// trainingSetGroup
//
this.trainingSetGroup.BackColor = System.Drawing.SystemColors.Control;
this.trainingSetGroup.Controls.AddRange(new System.Windows.Forms.Control[] {
este.verdanaItalicCheck,
this.verdanaCheck,
this.timesItalicCheck,
this.timesCheck,
este.tahomaItalicCheck,
este.tahomaCheck,
este.courierItalicCheck,
este.courierCheck,
this.arialItalicCheck,
this.arialCheck,
este.label7,
este.label6,
este.label5,
este.label4,
```

```csharp
este.label3,
este.label8,
este.label9,
este.label10,
this.lettersCombo,
este.drawButton,
this.fontsCombo});
this.trainingSetGroup.Location = new System.Drawing.Point(10, 365);
this.trainingSetGroup.Name = "trainingSetGroup";
this.trainingSetGroup.Size = new System.Drawing.Size(195, 175);
this.trainingSetGroup.TabIndex = 4;
this.trainingSetGroup.TabStop = false;
this.trainingSetGroup.Text = "Conjunto de treino";
//
// verdanaItalicCheck
//
this.verdanaItalicCheck.Location = new System.Drawing.Point(162, 115);
this.verdanaItalicCheck.Name = "verdanaItalicCheck";
this.verdanaItalicCheck.Size = new System.Drawing.Size(16, 16);
this.verdanaItalicCheck.TabIndex = 14;
this.verdanaItalicCheck.        CheckedChanged+=
System.EventHandler(this.fontCheck_CheckedChanged);
//
// verdanaCheck
//
this.verdanaCheck.Location = new System.Drawing.Point(120, 115);
this.verdanaCheck.Name = "verdanaCheck";
this.verdanaCheck.Size = new System.Drawing.Size(16, 16);
this.verdanaCheck.TabIndex = 13;
                                this.verdanaCheck.    CheckedChanged+= new
System.EventHandler(this.fontCheck_CheckedChanged);
//
// timesItalicCheck
//
this.timesItalicCheck.Location = new System.Drawing.Point(162, 95);
this.timesItalicCheck.Name = "timesItalicCheck";
this.timesItalicCheck.Size = new System.Drawing.Size(16, 16);
this.timesItalicCheck.TabIndex = 12;
this.timesItalicCheck.Text = "checkBox1";
                                this.timesItalicCheck.   CheckedChanged+= new
System.EventHandler(this.fontCheck_CheckedChanged);
//
// timesCheck
//
this.timesCheck.Location = new System.Drawing.Point(120, 95);
this.timesCheck.Name = "timesCheck";
this.timesCheck.Size = new System.Drawing.Size(16, 16);
this.timesCheck.TabIndex = 11;
```

```
                                    this.timesCheck.        CheckedChanged+= new
System.EventHandler(this.fontCheck_CheckedChanged);
//
// tahomaItalicCheck
//
this.tahomaItalicCheck.Location = new System.Drawing.Point(162, 75);
this.tahomaItalicCheck.Name = "tahomaItalicCheck";
this.tahomaItalicCheck.Size = new System.Drawing.Size(16, 16);
this.tahomaItalicCheck.TabIndex = 10;
                                    this.tahomaItalicCheck. CheckedChanged+= new
System.EventHandler(this.fontCheck_CheckedChanged);
//
// tahomaCheck
//
this.tahomaCheck.Location = new System.Drawing.Point(120, 75);
this.tahomaCheck.Name = "tahomaCheck";
this.tahomaCheck.Size = new System.Drawing.Size(16, 16);
this.tahomaCheck.TabIndex = 9;
                                    this.tahomaCheck.        CheckedChanged+= new
System.EventHandler(this.fontCheck_CheckedChanged);
//
// courierItalicCheck
//
this.courierItalicCheck.Location = new System.Drawing.Point(162, 55);
this.courierItalicCheck.Name = "courierItalicCheck";
this.courierItalicCheck.Size = new System.Drawing.Size(16, 16);
this.courierItalicCheck.TabIndex = 8;
                                    this.courierItalicCheck. CheckedChanged+= new
System.EventHandler(this.fontCheck_CheckedChanged);
//
// courierCheck
//
this.courierCheck.Location = new System.Drawing.Point(120, 55);
this.courierCheck.Name = "courierCheck";
this.courierCheck.Size = new System.Drawing.Size(16, 16);
this.courierCheck.TabIndex = 7;
                                    this.courierCheck.       CheckedChanged+= new
System.EventHandler(this.fontCheck_CheckedChanged);
//
// arialItalicCheck
//
this.arialItalicCheck.Location = new System.Drawing.Point(162, 35);
this.arialItalicCheck.Name = "arialItalicCheck";
this.arialItalicCheck.Size = new System.Drawing.Size(16, 16);
this.arialItalicCheck.TabIndex = 6;
                                    this.arialItalicCheck.   CheckedChanged+= new
```

```csharp
System.EventHandler(this.fontCheck_CheckedChanged);
//
// arialCheck
//
this.arialCheck.Checked = true;
this.arialCheck.CheckState = System.Windows.Forms.CheckState.Checked;
this.arialCheck.Location = new System.Drawing.Point(120, 35);
this.arialCheck.Name = "arialCheck";
this.arialCheck.Size = new System.Drawing.Size(16, 16);
this.arialCheck.TabIndex = 5;
                                              this.arialCheck. CheckedChanged+= new

System.EventHandler(this.fontCheck_CheckedChanged);
//
// label7
//
this.label7.Location = new System.Drawing.Point(10, 115);
this.label7.Name = "label7";
this.label7.Size = new System.Drawing.Size(51, 15);
this.label7.TabIndex = 4;
this.label7.Text = "Verdana";
//
// label6
//
this.label6.Location = new System.Drawing.Point(10, 75);
this.label6.Name = "label6";
this.label6.Size = novo System.Drawing.Size(55, 17);
this.label6.TabIndex = 3;
this.label6.Text = "Tahoma";
//
// label5
//
this.label5.Location = new System.Drawing.Point(10, 95);
this.label5.Name = "label5";
this.label5.Size = new System.Drawing.Size(105, 13);
this.label5.TabIndex = 2;
this.label5.Text = "Times New Roman";
//
// label4
//
this.label4.Location = new System.Drawing.Point(10, 55);
this.label4.Name = "label4";
this.label4.Size = novo System.Drawing.Size(50, 15);
this.label4.TabIndex = 1;
this.label4.Text = "Courier";
//
// label3
//
this.label3.Location = new System.Drawing.Point(10, 35);
```

```
this.label3.Name = "label3";
this.label3.Size = novo System.Drawing.Size(27, 13);
this.label3.TabIndex = 0;
this.label3.Text = "Arial";
//
// label8
//
this.label8.BackColor = System.Drawing.SystemColors.Info;
this.label8.BorderStyle = System.Windows.Forms.BorderStyle.FixedSingle;
this.label8.Location = new System.Drawing.Point(105, 15);
this.label8.Name = "label8";
this.label8.Size = novo System.Drawing.Size(46, 16);
this.label8.TabIndex = 5;
this.label8.Text = "Regular";
//
// label9
//
this.label9.BackColor = System.Drawing.SystemColors.Info;
this.label9.BorderStyle = System.Windows.Forms.BorderStyle.FixedSingle;
this.label9.Location = new System.Drawing.Point(155, 15);
this.label9.Name = "label9";
this.label9.Size = novo System.Drawing.Size(30, 16);
this.label9.TabIndex = 5;
this.label9.Text = "Itálico";
//
// label10
//
this.label10.Anchor = ((System.Windows.Forms.AnchorStyles.Top
System.Windows.Forms.AnchorStyles.Left)
| System.Windows.Forms.AnchorStyles.Right);
this.label10.BorderStyle = System.Windows.Forms.BorderStyle.FixedSingle;
this.label10.Location = new System.Drawing.Point(10, 135);
this.label10.Name = "label10";
this.label10.Size = novo System.Drawing.Size(175, 2);
this.label10.TabIndex = 5;
//
// letrasCombo
//
this.lettersCombo.Location = new System.Drawing.Point(10, 145);
this.lettersCombo.Name = "lettersCombo";
this.lettersCombo.Size = new System.Drawing.Size(35, 21);
this.lettersCombo.TabIndex = 5;
//
// drawButton
//
this.drawButton.FlatStyle = System.Windows.Forms.FlatStyle.Flat;
this.drawButton.Location = new System.Drawing.Point(144, 145);
this.drawButton.Name = "drawButton";
this.drawButton.Size = novo System.Drawing.Size(41, 21);
this.drawButton.TabIndex = 5;
```

```
this.drawButton.Text = "Desenhar";
this.drawButton.Click += new System.EventHandler(this.drawButton_Click);
//
// fontsCombo
//
this.fontsCombo.Location = new System.Drawing.Point(50, 145);
this.fontsCombo.Name = "fontsCombo";
this.fontsCombo.Size = new System.Drawing.Size(90, 21);
this.fontsCombo.TabIndex = 5;
//
// groupBox3
//
this.groupBox3.Controls.AddRange(new System.Windows.Forms.Control[] {
this.dataGrid,
this.filterDataButton,
this.generateDataButton});
this.groupBox3.Location = new System.Drawing.Point(215, 5);
this.groupBox3.Name = "groupBox3";
this.groupBox3.Size = new System.Drawing.Size(325, 435);
this.groupBox3.TabIndex = 5;
this.groupBox3.TabStop = false;
this.groupBox3.Text = "Dados de aprendizagem";
//
// dataGrid
//
this.dataGrid.AutoSizeMinHeight = 10;
this.dataGrid.AutoSizeMinWidth = 10;
this.dataGrid.AutoStretchColumnsToFitWidth = false;
this.dataGrid.AutoStretchRowsToFitHeight = false;
this.dataGrid.BorderStyle = System.Windows.Forms.BorderStyle.FixedSingle;
this.dataGrid.ContextMenuStyle = SourceGrid2.ContextMenuStyle.None;
this.dataGrid.GridToolTipActive = true;
this.dataGrid.Location = new System.Drawing.Point(10, 20);
this.dataGrid.Name = "dataGrid";
this.dataGrid.Size = new System.Drawing.Size(305, 375);
this.dataGrid.SpecialKeys = SourceGrid2.GridSpecialKeys.Default;
this.dataGrid.TabIndex = 3;
//
// filterDataButton
//
this.filterDataButton.Enabled = false;
this.filterDataButton.FlatStyle = System.Windows.Forms.FlatStyle.Flat;
this.filterDataButton.Location = new System.Drawing.Point(240, 405);
this.filterDataButton.Name = "filterDataButton";
this.filterDataButton.TabIndex = 2;
this.filterDataButton.Text = "Filtrar dados";
this.filterDataButton.   Click+=new
System.EventHandler(this.filterDataButton_Click);
//
// generateDataButton
```

```
//
this.generateDataButton.FlatStyle = System.Windows.Forms.FlatStyle.Flat;
this.generateDataButton.Location = new System.Drawing.Point(130, 405);
this.generateDataButton.Name = "generateDataButton";
this.generateDataButton.Size = new System.Drawing.Size(97, 23);
this.generateDataButton.TabIndex = 1;
this.generateDataButton.Text = "Gerar dados";
this.generateDataButton.        Click+=new
System.EventHandler(this.generateDataButton_Click);
//
// groupBox4
//
this.groupBox4.Controls.AddRange(new System.Windows.Forms.Control[] {
este.label27,
this.misclassifiedBox,
this.outputBox,
este.rótulo26,
this.errorBox,
este.rótulo25,
this.learningEpochBox,
este.label24,
este.label23,
this.limit2Box,
este.label21,
this.rate2Box, this.label22,
este.rótulo20,
this.limit1Box,
este.label19,
this.rate1Box,
este.label18,
este.label17,
this.createNetButton,
this.alfaBox,
este.label13,
this.layersCombo,
este.label12,
this.recognizeButton,
this.traintNetworkButton,
this.label14});
this.groupBox4.Location = new System.Drawing.Point(550, 5);
this.groupBox4.Name = "groupBox4";
this.groupBox4.Size = new System.Drawing.Size(195, 435);
this.groupBox4.TabIndex = 6;
this.groupBox4.TabStop = false;
this.groupBox4.Text = "Rede neural";
//
// label27
//
this.label27.Location = new System.Drawing.Point(10, 343);
this.label27.Name = "label27";
```

```csharp
this.label27.Size = novo System.Drawing.Size(75, 14);
this.label27.TabIndex = 26;
this.label27.Text = "Mal classificado:";
//
// misclassifiedBox
//
this.misclassifiedBox.Location = novo System.Drawing.Point(95, 340);
this.misclassifiedBox.Name = "misclassifiedBox";
this.misclassifiedBox.ReadOnly = true;
this.misclassifiedBox.Size = new System.Drawing.Size(90, 20);
this.misclassifiedBox.TabIndex = 25;
this.misclassifiedBox.Text = "";
//
// outputBox
//
this.outputBox.Location = new System.Drawing.Point(135, 378);
this.outputBox.Name = "outputBox";
this.outputBox.ReadOnly = true;
this.outputBox.Size = novo System.Drawing.Size(50, 20);
this.outputBox.TabIndex = 24;
this.outputBox.Text = "";
//
// label26
//
this.label26.Location = new System.Drawing.Point(10, 380);
this.label26.Name = "label26";
this.label26.Size = novo System.Drawing.Size(127, 14);
this.label26.TabIndex = 23;
this.label26.Text = "A rede pensa que é:";
//
// errorBox
//
this.errorBox.Location = new System.Drawing.Point(95, 315);
this.errorBox.Name = "errorBox";
this.errorBox.ReadOnly = true;
this.errorBox.Size = new System.Drawing.Size(90, 20);
this.errorBox.TabIndex = 22;
this.errorBox.Text = "";
this.errorBox.TextAlign = System.Windows.Forms.HorizontalAlignment.Right;
//
// label25
//
this.label25.Location = new System.Drawing.Point(10, 318);
this.label25.Name = "label25";
this.label25.Size = novo System.Drawing.Size(85, 14);
this.label25.TabIndex = 21;
this.label25.Text = "Erro de resumo:";
//
// learningEpochBox
//
```

```
this.learningEpochBox.Location = new System.Drawing.Point(10, 160);
this.learningEpochBox.Name = "learningEpochBox";
this.learningEpochBox.TabIndex = 20;
this.learningEpochBox.Text = "";
//
// label24
//
this.label24.Location = new System.Drawing.Point(10, 115);
this.label24.Name = "label24";
this.label24.Size = novo System.Drawing.Size(173, 40);
this.label24.TabIndex = 19;
this.label24.Text = "Número de épocas de aprendizagem (0 para aprendizagem até ser atingido o
limite de erro especificado):" +
;
;
//
// label23
//
this.label23.Anchor = ((System.Windows.Forms.AnchorStyles.Top |
System.Windows.Forms.AnchorStyles.Left)
| System.Windows.Forms.AnchorStyles.Right);
this.label23.BorderStyle = System.Windows.Forms.BorderStyle.FixedSingle;
this.label23.Location = new System.Drawing.Point(10, 370);
this.label23.Name = "label23";
this.label23.Size = novo System.Drawing.Size(175, 2);
this.label23.TabIndex = 18;
//
// limit2Box
//
this.limit2Box.Location = new System.Drawing.Point(145, 250);
this.limit2Box.Name = "limit2Box";
this.limit2Box.Size = novo System.Drawing.Size(40, 20);
this.limit2Box.TabIndex = 17;
this.limit2Box.Text = "";
//
// label21
//
this.label21.Location = new System.Drawing.Point(94, 253);
this.label21.Name = "label21";
this.label21.Size = new System.Drawing.Size(56, 14);
this.label21.TabIndex = 16;
this.label21.Text = "Limite de erro:";
//
// rate2Box
//
this.rate2Box.Location = new System.Drawing.Point(45, 250);
this.rate2Box.Name = "rate2Box";
this.rate2Box.Size = new System.Drawing.Size(40, 20);
this.rate2Box.TabIndex = 15;
this.rate2Box.Text = "";
```

```
//
// label22
//
this.label22.Location = new System.Drawing.Point(10, 253);
this.label22.Name = "label22";
this.label22.Size = novo System.Drawing.Size(32, 14);
this.label22.TabIndex = 14;
this.label22.Text = "Taxa:";
//
// label20
//
                this.label20.Font = novo System.Drawing.Font("Microsoft Sans Serif", 8.25F,
                System.Drawing.FontStyle.Bold,          System.Drawing.GraphicsUnit.Point,
((System.Byte)(204)));
this.label20.Location = new System.Drawing.Point(10, 230);
this.label20.Name = "label20";
this.label20.Size = novo System.Drawing.Size(100, 14);
this.label20.TabIndex = 13;
this.label20.Text = "Segunda passagem:";
//
// limit1Box
//
this.limit1Box.Location = new System.Drawing.Point(145, 205);
this.limit1Box.Name = "limit1Box";
this.limit1Box.Size = new System.Drawing.Size(40, 20);
this.limit1Box.TabIndex = 12;
this.limit1Box.Text = "";
//
// label19
//
this.label19.Location = new System.Drawing.Point(94, 208);
this.label19.Name = "label19";
this.label19.Size = new System.Drawing.Size(56, 14);
this.label19.TabIndex = 11;
this.label19.Text = "Limite de erro:";
//
// rate1Box
//
this.rate1Box.Location = new System.Drawing.Point(45, 205);
this.rate1Box.Name = "rate1Box";
this.rate1Box.Size = new System.Drawing.Size(40, 20);
this.rate1Box.TabIndex = 10;
this.rate1Box.Text = "";
//
// label18
//
this.label18.Location = new System.Drawing.Point(10, 208);
this.label18.Name = "label18";
this.label18.Size = new System.Drawing.Size(32, 14);
this.label18.TabIndex = 9;
```

```csharp
this.label18.Text = "Taxa:";
//
// label17
//
this.label17.Font    =    novo    System.Drawing.Font("Microsoft    Sans    Serif",    8.25F,
System.Drawing.FontStyle.Bold,         System.Drawing.GraphicsUnit.Point,
((System.Byte)(204)));
this.label17.Location = new System.Drawing.Point(10, 185);
this.label17.Name = "label17";
this.label17.Size = novo System.Drawing.Size(60, 14);
this.label17.TabIndex = 8;
this.label17.Text = "Primeira passagem:";
//
// createNetButton
//
this.createNetButton.FlatStyle = System.Windows.Forms.FlatStyle.Flat;
this.createNetButton.Location = new System.Drawing.Point(90, 75);
this.createNetButton.Name = "createNetButton";
this.createNetButton.Size = new System.Drawing.Size(95, 23);
this.createNetButton.TabIndex = 4;
this.createNetButton.Text = "Criar rede";
this.createNetButton.    Click+=new
System.EventHandler(this.createNetButton_Click);
//
// alfaBox
//
this.alfaBox.Location = new System.Drawing.Point(95, 45);
this.alfaBox.Name = "alfaBox";
this.alfaBox.Size = new System.Drawing.Size(90, 20);
this.alfaBox.TabIndex = 3;
this.alfaBox.Text - "";
//
// label13
//
this.label13.Location = new System.Drawing.Point(10, 48);
this.label13.Name = "label13";
this.label13.Size = new System.Drawing.Size(80, 14);
this.label13.TabIndex = 2;
this.label13.Text = "Alfa de Sigmoid:";
//
// camadasCombo
//
this.layersCombo.DropDownStyle
System.Windows.Forms.ComboBoxStyle.DropDownList;
this.layersCombo.Items.AddRange(new object[] {
"Um",
"Dois"});
this.layersCombo.Location = new System.Drawing.Point(95, 20);
this.layersCombo.Name = "layersCombo";
this.layersCombo.Size = new System.Drawing.Size(90, 21);
```

```
this.layersCombo.TabIndex = 1;
//
// label12
//
this.label12.Location = new System.Drawing.Point(10, 23);
this.label12.Name = "label12";
this.label12.Size = novo System.Drawing.Size(72, 16);
this.label12.TabIndex = 0;
this.label12.Text = "Contagem de camadas:";
//
// recognizeButton
//
this.recognizeButton.Enabled = false;
this.recognizeButton.FlatStyle = System.Windows.Forms.FlatStyle.Flat;
this.recognizeButton.Location = new System.Drawing.Point(90, 405);
this.recognizeButton.Name = "recognizeButton";
this.recognizeButton.Size = new System.Drawing.Size(95, 23);
this.recognizeButton.TabIndex = 6;
this.recognizeButton.Text = "Reconhecer";
this.recognizeButton.    Click+= new
System.EventHandler(this.recognizeButton_Click);
//
// traintNetworkButton
//
this.traintNetworkButton.Enabled = false;
this.traintNetworkButton.FlatStyle = System.Windows.Forms.FlatStyle.Flat;
this.traintNetworkButton.Location = new System.Drawing.Point(90, 280);
this.traintNetworkButton.Name = "traintNetworkButton";
this.traintNetworkButton.Size = new System.Drawing.Size(95, 23);
this.traintNetworkButton.TabIndex = 5;
this.traintNetworkButton.Text = "Treinar rede";
this.traintNetworkButton.        Click+=new
System.EventHandler(this.traintNetworkButton_Click);
//
// label14
//
this.label14.Anchor = ((System.Windows.Forms.AnchorStyles.Top |
System.Windows.Forms.AnchorStyles.Left)
| System.Windows.Forms.AnchorStyles.Right);
this.label14.BorderStyle = System.Windows.Forms.BorderStyle.FixedSingle;
this.label14.Location = new System.Drawing.Point(10, 105);
this.label14.Name = "label14";
this.label14.Size = novo System.Drawing.Size(175, 2);
this.label14.TabIndex = 7;
//
// groupBox5
//
this.groupBox5.Controls.AddRange(new System.Windows.Forms.Control[] {
this.stopButton,
```

```csharp
this.progressBar,
this.statusBox,
este.label16,
this.timeBox,
this.label15});
this.groupBox5.Location = new System.Drawing.Point(215, 445);
this.groupBox5.Name = "groupBox5";
this.groupBox5.Size = new System.Drawing.Size(530, 95);
this.groupBox5.TabIndex = 7;
this.groupBox5.TabStop = false;
this.groupBox5.Text = "Progresso";
//
// stopButton
//
this.stopButton.Enabled = false;
this.stopButton.FlatStyle = System.Windows.Forms.FlatStyle.Flat;
this.stopButton.Location = new System.Drawing.Point(228, 63);
this.stopButton.Name = "stopButton";
this.stopButton.TabIndex = 5;
this.stopButton.Text = "Parar";
this.stopButton.Click += new System.EventHandler(this.stopButton_Click);
//
// barra de progresso
//
this.progressBar.Anchor = ((System.Windows.Forms.AnchorStyles.Top
System.Windows.Forms.AnchorStyles.Left)
| System.Windows.Forms.AnchorStyles.Right);
this.progressBar.Location = new System.Drawing.Point(10, 45);
this.progressBar.Name = "progressBar";
this.progressBar.Size = novo System.Drawing.Size(510, 10);
this.progressBar.TabIndex = 4;
//
// statusBox
//
this.statusBox.Anchor = ((System.Windows.Forms.AnchorStyles.Top
System.Windows.Forms.AnchorStyles.Left)
| System.Windows.Forms.AnchorStyles.Right);
this.statusBox.Location = new System.Drawing.Point(250, 20);
this.statusBox.Name = "statusBox";
this.statusBox.ReadOnly = true;
this.statusBox.Size = new System.Drawing.Size(270, 20);
this.statusBox.TabIndex = 3;
this.statusBox.Text = "";
//
// label16
//
this.label16.Location = new System.Drawing.Point(200, 23);
this.label16.Name = "label16";
this.label16.Size = new System.Drawing.Size(43, 17);
this.label16.TabIndex = 2;
```

```csharp
this.label16.Text = "Estado:";
//
// timeBox
//
this.timeBox.Location = new System.Drawing.Point(90, 20);
this.timeBox.Name = "timeBox";
this.timeBox.ReadOnly = true;
this.timeBox.Size = novo System.Drawing.Size(80, 20);
this.timeBox.TabIndex = 1;
this.timeBox.Text = "";
this.timeBox.TextAlign = System.Windows.Forms.HorizontalAlignment.Right;
//
// label15
//
this.label15.Location = new System.Drawing.Point(10, 23);
this.label15.Name = "label15";
this.label15.Size = new System.Drawing.Size(78, 19);
this.label15.TabIndex = 0;
this.label15.Text = "Tempo decorrido:";
//
// temporizador
//
this.timer.Tick += new System.EventHandler(this.timer_Tick);
//
// Formulário principal
// this.AutoScaleBaseSize = new System.Drawing.Size(5, 13);
this.ClientSize = novo System.Drawing.Size(754, 550);
this.Controls.AddRange(new System.Windows.Forms.Control[] {
this.groupBox5,
this.groupBox4,
this.groupBox3,
este.trainingSetGroup,
this.groupBox2,
this.groupBox1});
this.FormBorderStyle = System.Windows.Forms.FormBorderStyle.FixedDialog;
this.Icon = ((System.Drawing.Icon)(resources.GetObject("$this.Icon")));
this.Location = novo System.Drawing.Point(120, 0);
this.MaximizeBox = false;
this.Name = "MainForm";
this.Text = "OCR de rede neural";
this.groupBox1.ResumeLayout(false);
this.groupBox2.ResumeLayout(false);
este.trainingSetGroup.ResumeLayout(false);
this.groupBox3.ResumeLayout(false);
this.groupBox4.ResumeLayout(false);
this.groupBox5.ResumeLayout(false);
this.ResumeLayout(false);
}
#endregion /// <summary>
/// O ponto de entrada principal para a aplicação.
```

```csharp
/// </summary>
[STAThread]
static void Main()
{
Application.Run(new MainForm());
}
// Ao clicar no botão "Limpar" - limpar a área de desenho
private void clearButton_Click(object sender, System.EventArgs e)
{
paintBoard.ClearImage();
}
// Ao clicar no botão "Gerar" - gerar receptores
private void generateReceptorsButton_Click(object sender, System.EventArgs e)
{
GetReceptorsCount();
// gerar
GerarReceptores();
// desativar os botões de comboio e de reconhecimento
traintNetworkButton.Enabled = false;
recognizeButton.Enabled = false;
}
// Obter a contagem de recpetores
private void GetReceptorsCount()
{
tentar
{
initialReceptorsCount = Math.Max(25, Math.Min(5000,
int.Parse(initialReceptorsBox.Text)));
receptorsCount = Math.Max(10, Math.Min(initialReceptorsCount, int.Parse(receptorsBox.Text)));
}
catch (Exceção)
{
initialReceptorsCount = 500;
receptorsCount = 100;
}
initialReceptorsBox.Text = initialReceptorsCount.ToString();
receptorsBox.Text = receptorsCount.ToString();
}
// Gerar receptores
private void GenerateReceptors()
{
// remover os receptores anteriores
receptores.Limpar();
// definir o tamanho da área de receção
receptores.AreaSize = paintBoard.AreaSize;
// gerar novos receptores
receptores.Generate(initialReceptorsCount);
// definir a contagem atual de receptores
currentReceptorsBox.Text = initialReceptorsCount.ToString();
paintBoard.Invalidate();
```

```csharp
}
// Mostrar/ocultar receptores
private void showReceptorsCheck_CheckedChanged(object sender, System.EventArgs e)
{
paintBoard.ShowReceptors = showReceptorsCheck.Checked;
}
// A caixa de verificação dos tipos de letra foi alterada - ativar/desativar tipos de letra
private void fontCheck_CheckedChanged(object sender, System.EventArgs e)
{
UpdateAvailableFonts();
}
// Atualizar as fontes disponíveis
private void UpdateAvailableFonts()
{
regularFonts[0] = arialCheck.Checked;
regularFonts[1] = courierCheck.Checked;
regularFonts[2] = tahomaCheck.Checked;
regularFonts[3] = timesCheck.Checked;
regularFonts[4] = verdanaCheck.Checked;
italicFonts[0] = arialItalicCheck.Checked;
italicFonts[1] = courierItalicCheck.Checked;
italicFonts[2] = tahomaItalicCheck.Checked;
italicFonts[3] = timesItalicCheck.Checked;
italicFonts[4] = verdanaItalicCheck.Checked;
generateDataButton.Enabled =
regularFonts[0] | regularFonts[1] | regularFonts[2] | regularFonts[3] |
regularFonts[4] |
italicFonts[0] | italicFonts[1] | italicFonts[2] | italicFonts[3] | italicFonts[4];
}
// Desenhar letra
private void drawButton_Click(object sender, System.EventArgs e)
{
paintBoard.DrawLetter((char)((int) 'A' + letrasCombo.SelectedIndex),
fonts[fontsCombo.SelectedIndex >> 1], 90, ((fontsCombo.SelectedIndex & 1) != 0));
}
// Mostrar o trabalho em curso
private void ReportProgress(int step, string message)
{
// visualizar o progresso
se (barra de progresso.visível) barra de progresso.valor = passo;
// mostrar mensagem
Se (mensagem != null) statusBox.Text = mensagem;
// visualizar o tempo decorrido
TimeSpan elapsed = DateTime.Now.Subtract(startTime);
timeBox.Text = string.Format("{0}:{1}:{2}",
decorrido.Horas.ToString("D2"),
decorrido.Minutos.ToString("D2"),
elapsed.Seconds.ToString("D2"));
timeBox.Invalidate();
}
```

```csharp
// Trabalho Sart
private void StartWork(bool stopable)
{
// definir cursor ocupado
this.Cursor = Cursores.WaitCursor;
//
stopButton.Enabled = stopable;
se (stopable)
{
// criar eventos
stopEvent = new ManualResetEvent(false);
stopButton.Capture = true;
}
senão
{
this.Capture = true;
}
// gerar dados numa thread separada
startTime = DateTime.Now;
// iniciar o temporizador temporizador.Start();
}
// Parar o trabalho
private void StopWork()
{
statusBox.Text = string.Empty;
timeBox.Text = string.Empty;
progressBar.Value = 0;
// definir o cursor predefinido this.Cursor = Cursors.Default;
// parar o temporizador temporizador.Stop();
// evento de libertação
se (stopEvent != null)
{
stopEvent.Close();
stopEvent = null;
stopButton.Capture = false;
} else
{ this.Capture = false;
}
}
// No temporizador
private void timer_Tick(object sender, System.EventArgs e)
{
se (!workerThread.IsAlive)
{
switch (workType)
{
                                                case 0: // gerar dados
// mostrar dados de aprendizagem ShowLearningData();
// ativar a filtragem de dados
filterDataButton.Enabled = true;
```

```csharp
// desativar os botões de treino e reconhecimento traintNetworkButton.Enabled = false;
recognizeButton.Enabled = false;
pausa;
                                    caso 1: // rede de formação
// último erro if (data != null) {
errorBox.Text = error.ToString();
misclassifiedBox.Text = string.Format("{0} / {1}", misclassified, data.GetLength(0) * data[0,
0].Length);
} break;
}
// parar o trabalho StopWork();
}
}
// No botão "Gerar dados" clicar
private void generateDataButton_Click(object sender, System.EventArgs e)
{
workType = 0;
barra de progresso.Mostrar();
// começar a trabalhar
StartWork(false);
// definir mensagem de estado
statusBox.Text = "Gerando dados ...";
// criar e iniciar um novo tópico
workerThread = new Thread(new ThreadStart(GenerateLearningData));
// iniciar a discussão
workerThread.Start();
}
// No botão "Filtrar dados", clicar em
private void filterDataButton_Click(object sender, System.EventArgs e) {
// definir cursor ocupado
this.Cursor = Cursores.WaitCursor;
GetReceptorsCount();
// filtrar dados
RemoveLearningDuplicates();
FilterLearningData();
ShowLearningData();
// definir receptores para o quadro de pintura paintBoard.Receptors = receptores;
paintBoard.Invalidate();
// definir a contagem atual de receptores
currentReceptorsBox.Text = receptores.Count.ToString();
// desativar os botões de treino e reconhecimento traintNetworkButton.Enabled = false;
recognizeButton.Enabled = false;
// definir o cursor predefinido this.Cursor = Cursors.Default;
}
// Gerar dados para aprendizagem
private void GenerateLearningData()
{
int   objectsCount = 26;
int   featuresCount = receptores.Count;
int   variantsCount = 0;
```

```
int   fontsCount = fonts.          Length*2       ;
int   i, j, k, fonte, v = 0, passo = 0;
bool itálico;
// contar variantes
for (i = 0; i < fonts.Length; i++)
{
variantsCount += (regularFonts[i]) ? 1 : 0; variantsCount += (italicFonts[i]) ? 1 : 0;
}
se (variantsCount == 0) return;
// definir o tamanho do progresso
barra de progresso.máximo = objectsCount * variantsCount;
// criar matriz de dados
dados = novo int [objectsCount, featuresCount][];
// init cada elemento de dados
for (i = 0; i < objectsCount; i++)
{
for (j = 0; j < featuresCount; j++)
{
dados[i, j] = novo int[variantsCount];
}
}
// preencher dados ...
// para todos os tipos de letra
for (j = 0; j < fontsCount; j++)
{
fonte = j >> 1;
itálico = ((j & 1) != 0);
// ignorar tipos de letra desactivados
se (((itálico) && (!italicFonts[font])) ||
((!itálico) && (!regularFonts[font])))
{
continuar;
}
// para todos os objectos
for (i = 0; i < objectsCount; i++)
{
// desenhar letra
paintBoard.DrawLetter((char)((int) 'A' + i), fonts[font], 90, italic, false);

// obter o estado dos receptores
int[] estado=
receptores.GetReceptorsState(paintBoard.GetImage(false));
// copiar o estado dos receptores
for (k = 0; k < featuresCount; k++)
{
                                    dados[i, k][v] = estado[k];
}
// mostrar o progresso
ReportProgress(++step, null);
}
```

```csharp
v++;
}
// limpar a área de pintura
paintBoard.ClearImage();
}
// Apresentar dados de aprendizagem numa grelha
private void ShowLearningData()
{
se (dados == nulo) return;
int   objectsCount = data.GetLength(0);
int   featuresCount= dados.GetLength(1);
int   variantsCount=     dados[0, 0].Comprimento;
int   i, j, k;
int[] item;
// dados de cadeia
string[,]strData = nova string[objectsCount, featuresCount];
char[]   ch = new char[variantsCount];
for (i = 0; i < objectsCount; i++)
{
for (j = 0; j < featuresCount; j++)
{
item = dados[i, j];
for (k = 0; k < variantsCount; k++)
{
                                    ch[k] = (char)((int)'0' + item[k]);
}
strData[i, j] = new string(ch);
}
}
// mostrar dados
dataGrid.LoadData(strData);
}
// Remover os duplicados dos dados de aprendizagem e dos receptores,
// que produziu estes duplicados
private void RemoveLearningDuplicates()
{
regresso;
int   objectsCount = data.GetLength(0);
int      featuresCount= dados.GetLength(1);
int      variantsCount=data      [0, 0].Length;
int   i, j, k, s;
int[] item;
// calcular a soma de controlo de cada objeto para cada recetor int[,] checkSum = new
int[objectsCount, featuresCount];
// para cada objeto
for (i = 0; i < objectsCount; i++)
{
// para cada recetor
for (j = 0; j < featuresCount; j++)
{
```

```
item = dados[i, j];
s = 0;
// para cada variante
for (k = 0; k < variantsCount; k++)
{
s |= item[k] << k;
}
checkSum[i, j] = s;
}
}
// encontrar os receptores que devem ser removidos
bool[] remove = novo bool[featuresCount];
// percorrer todos os receptores ...
for (i = 0; i < featuresCount - 1; i++)
{
// ignorar os receptores já marcados como eliminados
se (remove[i] == true) continuar;
// ... e comparar cada recetor com outros
for (j = i + 1; j < featuresCount; j++)
{
// remover por defeito
remover[j] = verdadeiro;
// comparar cheksums de todos os objectos for (k = 0; k < objectsCount; k++) {
se (checkSum[k, i] != checkSum[k, j])
{
// ups, são diferentes, não o apagar remove[j] = false;
                                        pausa;
}
}
}
}
// contar os receptores para guardar
int receptorsToSave = 0;
for (i = 0; i < featuresCount; i++)
receptorsToSave += (remove[i]) ? 0 : 1;
// filtrar dados removendo receptores com usabilidade abaixo do aceitável int[,][] newData = new int
[objectsCount, receptorsToSave][]; Receptors newReceptors = new Receptors();
k = 0;
// para todos os receptores
for (j = 0; j < featuresCount; j++)
{
se (remover[j]) continuar;
// para todos os objectos
for (i = 0; i < objectsCount; i++)
{
novosDados[i, k] = dados[i, j];
}
newReceptors.Add(receptors[j]);
k++;
}
```

```csharp
// definir novos dados
dados = novosDados;
receptores = newReceptors;
}
// Filtrar dados de aprendizagem
private void FilterLearningData()
{
se (dados == nulo) return;
// a filtragem de dados é efectuada através da remoção de maus receptores
                int          objectsCount = data.GetLength(0);
                int          featuresCount = data.GetLength(1);
                int          variantsCount = data[0, 0].Length;
                int          i, j, k, v;
                int[] item;

// talvez já tenhamos filtrado ?
// por isso verifica se a nova contagem de receptores não é maior do que a que temos if
(receptorsCount >= featuresCount)
regresso;
int[] outerCounters = novo int[2];
int[] innerCounters = novo int[2];
duplo ie, oe;
double[] usabilities = novo double[featuresCount];
// para todos os receptores
for (j = 0; j < featuresCount; j++)
{
// limpar os contadores exteriores
Array.Clear(outerCounters, 0, 2);
ie = 0;
// para todos os objectos
for (i = 0; i < objectsCount; i++)
{
// limpar os contadores internos
Array.Clear(innerCounters, 0, 2);
// obter variantes item item = data[i, j];
// para todas as variantes
for (k = 0; k < variantsCount; k++)
{
v = item[k];
innerCounters[v]++;
outerCounters[v]++;
}
// calcular a entropia interna do recetor para o objeto atual ie += Statistics.Entropy(innerCounters,
variantsCount);
}
// entropia interna média
ie /= objectsCount;
// entropia externa
oe = Statistics.Entropy(outerCounters, objectsCount * variantsCount);
// usabilidade dos receptores
```

```csharp
usabilidades[j] = (1.0 - ie) * oe;
}
// criar cópia de usabilidades e ordená-la
double[] temp = (double[]) usabilities.Clone();
Array.Sort(temp);
// obter uma usabilidade aceitável para o recetor
double accaptableUsability = temp[featuresCount - receptorsCount];
// filtrar dados removendo receptores com usabilidade abaixo do aceitável
int[,][] newData = novo int [objectsCount, receptorsCount][];
Receptores newReceptors = new Receptors();
k = 0;
// para todos os receptores
for (j = 0; j < featuresCount; j++)
{
se (usabilities[j] < accaptableUsability) continuar;
// para todos os objectos
for (i = 0; i < objectsCount; i++)
{
novosDados[i, k] = dados[i, j];
}
newReceptors.Add(receptors[j]);
Se (++k == número de receptores), pausa;
}
// definir novos dados
dados = novosDados;
receptores = newReceptors;
}
// No botão "Criar rede
private void createNetButton_Click(object sender, System.EventArgs e) {
CreateNetwork();
// ativar os botòes de treino e reconhecimento
traintNetworkButton.Enabled = true;
recognizeButton.Enabled = true;
//
errorBox.Text = string.Empty;
misclassifiedBox.Text = string.Empty;
outputBox.Text = string.Empty;
}
// Criar rede
private void CreateNetwork()
{
se (dados == nulo) return;
int   objectsCount = data.GetLength(0);
int   featuresCount = data.GetLength(1);
alfa flutuante;
// obter o valor alfa
tentar
{
alfa = Math.Max(0.1f, Math.Min(10.0f, float.Parse(alfaBox.Text)));
}
```

```csharp
catch (Exceção)
{
alfa = 1.0f;
}
alfaBox.Text = alfa.ToString();
// creare network
se (camadasCombo.SelectedIndex == 0)
{
neuralNet = new Network(new BipolarSigmoidFunction(alfa), featuresCount, objectsCount);
}
senão
{
neuralNet = new Network(new BipolarSigmoidFunction(alfa), featuresCount, objectsCount,
objectsCount);
}
// aleatorizar os pesos da rede neuralNet.Randomize();
} // No clique do botão "Traing
private void traintNetworkButton_Click(object sender, System.EventArgs e) {
outputBox.Text = string.Empty;
// obter parâmetros try
{
                    learningEpoch = Math.Max(0, int.Parse(learningEpochBox.Text));
                    taxa de aprendizagem1 =        Math.Max(0.0001f,      Math.Min(10.0f,
                    float.Parse(rate1Box.Text)));
                        errorLimit1=       Math.Max(0.0001f,             Math.Min(1000.0f,
                    float.Parse(limit1Box.Text)));
                    taxa de aprendizagem2 =        Math.Max(0.0001f,      Math.Min(10.0f,
                    float.Parse(rate2Box.Text)));
                        errorLimit2=      Math.Max(0.0001f,              Math.Min(1000.0f,
                    float.Parse(limit2Box.Text)));
}
catch (Exceção)
{
learningEpoch = 0;
learningRate1 = 1.0f;
errorLimit1=    1.0f;
learningRate2 = 0.2f;
errorLimit2=    0.1f;
}
learningEpochBox.Text = learningEpoch.ToString();
rate1Box.Text = learningRate1.ToString();
limit1Box.Text=         errorLimit1.ToString();
rate2Box.Text = learningRate2.ToString();
limit2Box.Text=         errorLimit2.ToString();
//
workType = 1; progressBar.Hide();
// iniciar o trabalho StartWork(true);
// definir a mensagem de estado statusBox.Text = "Rede de treino ...";
// criar e iniciar um novo tópico
workerThread = new Thread(new ThreadStart(TrainNetwork)); // iniciar thread
```

```csharp
workerThread.Start();
}
// Treinar a rede neural para reconhecer o nosso conjunto de treino private void TrainNetwork() {
se (dados == nulo) return;
int   objectsCount = data.GetLength(0);
int   featuresCount = data.GetLength(1);
int   variantsCount = dados[0, 0].Comprimento;
int   i, j, k, n;
// gerar saídas possíveis
float[][]possibleOutputs = novo float[objectsCount][];
for (i = 0; i < objectsCount; i++)
{
possibleOutputs[i] = novo float[objectsCount];
for (j = 0; j < objectsCount; j++)
{
possibleOutputs[i][j] = (i == j) ? 0,5f : -0,5f;
}
}
// gerar dados de treino da rede
float[][] input = novo float [objectsCount * variantsCount][];
float[][]output = new float [objectsCount * variantsCount][];
float[]   ins;
// para todas as variantes
for (j = 0, n = 0; j < variantsCount; j++)
{
// para todos os objectos
for (i = 0; i < objectsCount; i++, n++)
{
// preparar a entrada
input[n] = ins = new float[featuresCount];
// para cada recetor
for (k = 0; k < featuresCount; k++) {
ins[k] = (float) dados[i, k][j] - 0,5f;
}
// definir a saída
output[n] = possiblcOutputs[i];
}
}
System.Diagnostics.Debug.WriteLine("--- aprendizagem iniciada");
// criar professor de rede
BackPropagationLearning teacher = new BackPropagationLearning(neuralNet);
// Primeira passagem
professor.LearningLimit= errorLimit1;
professor.LearningRate = learningRate1;
i = 0;
// aprender
fazer
{
error = teacher.LearnEpoch(input, output);
i++;
```

```csharp
// comunicar o estado
se ((i % 100) == 0)
{
ReportProgress(0, string.Format("Aprendizagem, 1ª passagem ... (iterações: {0}, erro: {1})",
i, erro));
}
// precisa de parar ?
se (stopEvent.WaitOne(0, true)) break;
}
enquanto ((((learningEpoch == 0) && (!teacher.IsConverged)) ||
((learningEpoch != 0) && (i < learningEpoch)));
System.Diagnostics.Debug.WriteLine("primeira passagem: " + i + ", erro = " + erro);
// salta a segunda passagem, se o número da época de aprendizagem foi especificado
se (learningEpoch == 0)
{
// Segunda passagem
professor = novo BackPropagationLearning(neuralNet);
professor.LearningLimit= errorLimit2;
professor.LearningRate = learningRate2;
// aprender
fazer
{
error = teacher.LearnEpoch(input, output);
i++;
// comunicar o estado
se ((i % 100) == 0)
{
ReportProgress(0, string.Format("Aprendizagem, 2ª passagem ...
(iterações: {0}, erro: {1})",
i, erro));
}
// precisa de parar ?
se (stopEvent.WaitOne(0, true)) break;
}
while (!teacher.IsConverged);
System.Diagnostics.Debug.WriteLine("segunda passagem: " + i + ", erro = " + erro);
}
// obter o valor mal classificado
mal classificado = 0;
// para todos os padrões de treino
for (i = 0, n = input.Length; i < n; i++)
{
float[] realOutput = neuralNet.Compute(input[i]);
float[] desiredOutput = output[i];
intmaxIndex1   = 0;
int   maxIndex2 = 0;
float max1 = realOutput[0];
float max2 = desiredOutput[0];
for (j = 1, k = realOutput.Length; j < k; j++)
{
```

```csharp
se (realOutput[j] > max1)
{
max1 = realOutput[j];
maxIndex1 = j;
}
se (desiredOutput[j] > max2)
{
max2 = produção pretendida[j];
maxIndex2 = j;
}
}
se (maxIndex1 != maxIndex2) misclassified++;
}
}
// Ao clicar no botão "Reconhecer
private void recognizeButton_Click(object sender, System.EventArgs e)
{
int   i, n, maxIndex = 0;
// obter o estado atual dos receptores
int[] state = receptors.GetReceptorsState(paintBoard.GetImage());
// para entrada de rede
float[] input = new float[state.Length];
for (i = 0; i < state.Length; i++)
entrada[i] = (float) estado[i] - 0,5f;
// calcular a rede e obter o seu resultado float[] output = neuralNet.Compute(input);
// encontrar o máximo a partir da saída
float max = output[0];
for (i = 1, n = output.Length; i < n; i++)
{
se (output[i] > max)
{
max = output[i];
maxIndex = i;
}
}
//
outputBox.Text = string.Format("{0}", (char)((int) 'A' + maxIndex));
}
// Ao clicar no botão "Parar" - pára o trabalho
private void stopButton_Click(object sender, System.EventArgs e) {
Se (stopEvent != null) stopEvent.Set();
}
// Na caixa de verificação "Escala" alterada
private void scaleCheck_CheckedChanged(object sender, System.EventArgs e) {
paintBoard.ScaleImage = scaleCheck.Checked;
}
}
}
```

Referências

1. <u>Chong Kuan Meng</u>, <u>Yuwaldi Away</u>: Inspeção visual de inventários utilizando o reconhecimento ótico de caracteres. <u>CGIV 2004</u>: 89-92 [DBLP:conf/IEEEcgiv/MengA04]

2. <u>Divakar Yadav</u>, <u>A. K. Sharma</u>, <u>J. P. Gupta</u>: Optical character recognition for printed hindi text in devnagari using soft-computing technique. <u>Inteligência Artificial e Aplicações 2007</u>: 118-124 [DBLP:conf/aia/YadavSG07]

3. <u>George N. Sazaklis, Esther M. Arkin, Joseph S. B. Mitchell</u>, <u>Steven Skiena</u>: Árvores de Decisão Geométricas para Reconhecimento Ótico de Caracteres (Extended Abstract). <u>Simpósio de Geometria Computacional 1997</u>: 394-396 [DBLP:conf/compgeom/SazaklisAMS97]

4. <u>K. G. Aparna</u>, <u>A. G. Ramakrishnan</u>: Um sistema completo de reconhecimento ótico de caracteres em Tamil. <u>Document Analysis Systems 2002</u>: 53-57 [DBLP:conf/das/AparnaR02]

5. <u>Kumar Chellapilla, Michael Shilman, Patrice Simard</u>: Combinando múltiplos classificadores para um reconhecimento ótico de caracteres mais rápido. <u>Sistemas de análise de documentos 2006</u>:   358-367

[DBLP:conf/das/ChellapillaSS06]

6. <u>Margaret Sturgill, Steven J. Simske</u>: Uma abordagem de reconhecimento ótico de caracteres para qualificar algoritmos de limiarização. <u>Simpósio ACM sobre Engenharia Documental 2008</u>: 263-266 [DBLP:conf/doceng/SturgillS08]

7. <u>George Andrew Spencer</u>: Digitization, Coded Character Sets, and Optical Character Recognition for Multi-script Information Resources: O caso do Letopis' Zhurnal'nykh Statei. <u>ECDL 2001</u>: 429-437 [DBLP:conf/ercimdl/Spencer01]

8. <u>D. Jacquet</u>, <u>Gabriele Saucier</u>: Conceção de um chip neural digital: Aplicação ao reconhecimento ótico de caracteres por rede neural. <u>EDAC-ETC-EUROASIC 1994</u>:   256-260 [DBLP:conf/eurodac/Saucier94]

9. <u>Kumar Chellapilla</u>, <u>Patrice Simard</u>, <u>Radoslav Nickolov</u>: Fast Optical Character Recognition through Glyph Hashing for Document Conversion. <u>ICDAR 2005</u>:   829-834 [DBLP:conf/icdar/ChellapillaSN05

10. <u>Ali T. Abak</u>, <u>U. Baris, Bülent Sankur</u>: The Performance Evaluation of Thresholding Algorithms for Optical character Recognition. <u>ICDAR 1997</u>: 697-700 [DBLP:conf/icdar/AbakBS97]

11. W. Pan, J. Jin, G. Shi, Q. R. Wang, "A System for Automatic Chinese Business Card Recognition", ICDAR, pp. 577-581, 2001.

12. X. Luo, J. Li e L. Zhen, "Design and implementation of a card reader based on build-in camera", Conferência Internacional sobre Reconhecimento de Padrões, pp. 417-420, 2004.

13. M. Koga, R. Mine, T. Kameyama, T. Takahashi, M. Yamazaki e T. Yamaguchi, "Camera-based Kanji OCR for Mobile-phones: Practical Issues", Actas da Oitava Conferência Internacional sobre Análise e Reconhecimento de Documentos, pp. 635-639, 2005.

14. A. F. Mollah, S. Basu, M. Nasipuri, "Segmentation of Camera Captured Business Card Images for Mobile Devices", International Journal of Computer Science and Applications, 1(1), pp. 33-37, junho de 2010.

15. P. K. Kim, "Automatic Text Location in Complex Color Images Using Local Color Quantization", IEEE TENCON, Vol. 1, pp. 629-632, 1999

16. A. K. Jain e B. Yu, "Automatic Text Location in Images and Video Frames", In Proc. of International Conference of Pattern Recognition (ICPR), Brisbane, pp. 1497-1499, 1998.

17. V. Wu, R. Manmatha e E. M. Riseman, "Finding Text in Images", In Proc. of Second ACM International Conference on Digital Libraries, Philadelphia, PA, pp. 23-26, 1997.

18. A. F. Mollah, S. Basu, M. Nasipuri, "Segmentation of Camera Captured Business Card Images for Mobile Devices", International Journal of Computer Science and Applications, 1(1), pp. 33-37, junho de 2010.

19. A. F. Mollah, S. Basu, N. Das, R. Sarkar, M. Nasipuri, M. Kundu, "A Fast Skew Corretion

Technique for Camera Captured Business Card Images", Proc. of IEEE INDICON-2009, pp. 629632, 18-20 de dezembro, Gandhinagar, Gujrat.

20. Kapidakis, Sarantos; Mazurek, Cezary e Werla, Marcin (2015). *Investigação e tecnologia avançada para bibliotecas digitais*. Springer. p. 257. ISBN 9783319245928.

I want morebooks!

Buy your books fast and straightforward online - at one of world's fastest growing online book stores! Environmentally sound due to Print-on-Demand technologies.

Buy your books online at
www.morebooks.shop

Compre os seus livros mais rápido e diretamente na internet, em uma das livrarias on-line com o maior crescimento no mundo! Produção que protege o meio ambiente através das tecnologias de impressão sob demanda.

Compre os seus livros on-line em
www.morebooks.shop

Printed by Books on Demand GmbH, Norderstedt / Germany